氧化物基光电极的构筑及光电催化性能

刘志锋　郭振刚　著

中国石化出版社

图书在版编目(CIP)数据

氧化物基光电极的构筑及光电催化性能 / 刘志锋，
郭振刚著 . — 北京：中国石化出版社，2020. 11
ISBN 978-7-5114-6041-7

Ⅰ . ①氧… Ⅱ . ①刘… ②郭… Ⅲ . ①光催化-研究
②电催化-研究 Ⅳ . ①O644. 11②O643. 3

中国版本图书馆 CIP 数据核字（2020）第 227278 号

中国石化出版社出版发行

地址:北京市东城区安定门外大街 58 号
邮编:100011　电话:(010)57512500
发行部电话:(010)57512575
http://www. sinopec-press. com
E-mail:press@ sinopec. com
北京富泰印刷有限责任公司印刷
全国各地新华书店经销

*

710×1000 毫米 16 开本 11 印张 230 千字
2020 年 12 月第 1 版　2020 年 12 月第 1 次印刷
定价:58. 00 元

前　　言

随着地球上物质资源的不断减少和环境的日益恶化，能源和环境问题越来越成为人们关注的焦点。具有"绿色引领者"之称的氢能作为一种二次能源，有燃烧值高、无污染等优点，符合循环再生、绿色可持续发展的理念。因此，处于化石能源向以清洁能源为主的新能源发展的"第3次重大转换期"，氢能作为一种重要能源载体必将在新能源的开发中占据举足轻重的地位。此外，在众多可再生能源中，取之不尽、用之不竭的太阳能是最具有开发潜力的清洁能源之一。太阳能分解水制氢是一种利用太阳能这一清洁可再生能源制备出清洁的氢气的先进技术，避免了传统制氢方法，如化石能源重整制氢、生物质气化和热解制氢以及工业副产提纯制氢等造成的环境污染以及非必要能量损耗等问题，真正地实现了能源的合理利用以及纯绿色转化，被认为是一种获取新能源的主要方式而日益受到高度的重视。在利用太阳能分解水制氢的众多手段和途径中，将电化学与光化学催化法相结合的技术，即光电催化技术，可改善光生载流子的分离效率，并使产氢和产氧在不同电极完成，利于氢气与氧气的分离和收集，已成为当前太阳能半导体光催化制氢的研究热点，也呈现出较好的应用前景。

本书针对太阳能光电催化分解水制氢氧化物光电极材料的种类及改性等进行分章，共7章。第1章主要讲述了太阳能光电催化分解水制氢的基本概念和基本原理、光电极的种类及提高光电催化分解水性能的策略等；第2章讲述了氧化钛基光电极构筑及光电催化性能；第3章讲述了氧化锌基光电极构筑及光电催化性能；第4章讲述了氧化钨基光电极构筑及光电催化性能；第5章讲述了氧化铁基光电极构筑及光电催化性能；第 6 章讲述了氧化铜基光电极构筑及光电催化性能；第 7 章讲述了氧化亚铜基光电极构筑及光电催化性能。本书总结了课题组近年来在太阳能光电催化分解水制氢氧化物光电极材料方面的研究成果。本书的完成离不开课题组成员的辛勤劳动，在此向韩建华、郭克迎、张晶、陈东、周苗、张劭策、李艳婷和邢海洋等表示感谢。

由于作者水平有限，且光电催化技术的快速发展，书中一定存在不足和错误，恳请同行和读者批评指正。本书得到了国家自然科学基金项目（51102174）、天津市杰出青年基金项目（17JCJQJC44800）和天津市自然科学基金项目（16JCYBJC17900）的共同资助。

目　录

第1章 绪 论

1.1 引言

随着人类社会经济的快速发展和人们生活水平的提高，人类对煤炭、石油等化石能源的依赖性越来越强。然而，随之产生的环境污染日益严重，能源短缺和环境污染问题越来越引起人们的关注。中国作为世界上最大的发展中国家，解决当前严峻的能源短缺和环境污染问题，对实现我国经济持续快速发展，提高人们的生活水平和保障国家安全具有极其重要的战略意义。

在众多可再生能源中，取之不尽、用之不竭的太阳能是最具有开发潜力的清洁能源之一。尽管太阳辐射到地球大气层的能量仅为其总辐射量的 22 亿分之一，但是地球获得的能量高达 173000 TW，其能量相当于燃烧 500×10^4t 煤。如果每年到达地球的太阳能的 0.1% 能够得到有效利用，就足以满足 2050 年预计的年能源消耗总量。因此，在化石能源日趋减少并且环境问题日益恶化的情况下，提高对太阳能的利用效率具有非常重要的意义。此外，有"绿色引领者"之称的氢能作为一种二次能源，其燃烧产生的单位质量热值是同等条件下汽油的 2.63 倍，焦炭的 4.44 倍，而且燃烧产物只有可循环利用的水，不会造成环境污染，符合循环再生、绿色可持续发展的理念。因此，处于化石能源向以清洁能源为主的新能源发展的"第 3 次重大转换期"，氢能作为一种重要能源载体必将在新能源的开发中占据举足轻重的地位。我国作为氢气的生产和消费大国，为推进新一轮世界能源技术变革，"氢能"首次在 2019 年写入我国政府工作报告中。

太阳能分解水制氢是一种利用太阳能这一清洁可再生能源制备出清洁的氢气的先进技术，避免了传统制氢方法，如化石能源重整制氢、生物质气化和热解制氢以及工业副产提纯制氢等造成的环境污染以及非必要能量损耗等问题，真正地实现了能源的合理利用以及纯绿色转化，被认为是一种获取新能源的主要方式而日益受到高度的重视。目前，太阳能分解水制氢的方法主要包括太阳能热分解水制氢、太阳能光分解水制氢、光电化学分解水制氢以及生物制氢等。其中，光电化学(PEC)分解水制氢可以高效、协调地分离并收集产生的氧气和氢气，既可小规模生产又可以大规模投资开发，已成为最具开发潜力和实际应用的分解水制氢技术。

1.2 光电催化分解水制氢原理

光电化学分解水的基本原理是利用半导体电极在光电的作用下将吸收的太阳能转化成化学能，其中光阳极用于氧化 H_2O 产氧，光阴极用于还原 H_2O 产氢。半导体光电极的光电分解水机理如图 1-1 所示。

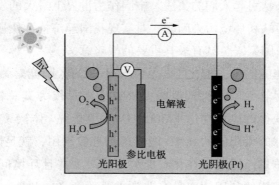

图 1-1　半导体光电催化机理图

光电化学分解水的装置主要包括三电极体系、光源和电解液，其中，三电极体系由工作电极(WE)、参比电极(RE)以及对电极(CE)组成。在光照条件下，半导体光电极吸收能量等于或大于其禁带宽度能量的光子后产生光生电子-空穴对，电子受到激发从价带跃迁至导带，从而在价带上留下空穴。一方面，光生电子在外加偏压的作用下转移到对电极表面将 H^+ 还原成氢气(H_2)；另一方面，光生空穴将迁移至光电极表面将水分子氧化成氧气(O_2)，即光生电子-空穴对在电场作用下实现高效分离和转移，产生光电流。在此过程中发生的氧化还原反应如下所示。

总反应：

$$H_2O(l) = 1/2O_2(g) + 2H^+(aq) + 2e^- \quad (E^\theta = 1.23V \text{ vs NHE}❶) \quad (1-1)$$

光阴极：

$$2H^+(aq) + 2e^- = H_2(g) \quad (E^\theta = 0V \text{ vs NHE}) \quad (1-2)$$

光阴极：

$$2H_2O(l) = 2H_2(g) + O_2(g) \quad (\Delta G^\theta = 237.2kJ/mol) \quad (1-3)$$

因此，光电化学分解水需要的最小电压为 1.23V，也就是说，半导体光电极的最小禁带宽度（Eg）应为 1.23eV。此外，为了实现光电化学分解水产生氢气和氧气，对于光阴极来说，半导体的导带电位必须要比 H^+ 的还原电位更负才能发生光电反应；而对于光阳极来说，半导体的导带电势必须比水的氧化电势更正才能发生光电反应。

为了实现高效的光电化学分解水，理想的半导体光电极材料除了具有水氧化和还原电势外，还应该满足以下条件：首先，半导体材料能够充分利用太阳光谱来产生足够的光生载流子来分解水，这就要求半导体的带隙不能太大；其次，光生载流子在传输和转移过程中会发生光生电子-空穴对复合的现象，不利于实现高效的光电化学分解水，这就要求半导体材料中载流子分离和转移过程应快速高效；更重要的是，半导体材料在苛刻的测试条件下（如酸碱溶液、强烈的光照、高氧化还原环境等）应该是稳定的。因此，探索和开发对太阳能利用率高、载流子分离和转移效率高以及合适的反应动力学且化学性质稳定的半导体材料对于高效的光电化学分解水至关重要。

1.3　常见的光电极材料

1972 年，日本东京大学 Fujishima 和 Honda 两位教授开创性地将单晶 TiO_2 作为光阳极在紫外光下成功地将水分解成氢气和氧气，开创了光电化学分解水制氢的先河。然而，较大的禁带宽度（约 3.2eV）使得 TiO_2 只能吸收和利用紫外光，其光电转化效率非常低。因此，为了提高光电转化效率，探索和开发高效的半导体材料作为光电极应用于光电化学分解水制氢是非常有必要的。

迄今为止，已有一系列新型半导体材料被开发出来并应用于光电化学分解水

---

❶ NHE 指的是一般氢电极，vs NHE 意为参比一般氢电极。

制氢。其中，可作为光阳极的 n 型半导体材料有 ZnO、WO_3、Fe_2O_3、$BiVO_4$ 和 $ZnFe_2O_4$ 等；可作为光阴极的 p 型半导体材料包括 Si、Cu_2O、CuO、$CuBi_2O_4$、$CuInS_2$ 和 $CaFe_2O_4$ 等。其中，金属氧化物半导体材料作为自然界中最稳定的金属化合物之一，因其原料丰富、制备成本低廉以及无毒无害等优点受到广泛的研究。

1.3.1 光阳极材料

在太阳能光电催化分解水体系中，n 型半导体(电子型半导体，电子浓度远大于空穴浓度的半导体)可作为光阳极参与 H_2O 的氧化反应。n 型半导体要具有适宜的光学带隙，对太阳光有良好的光响应；n 型半导体的价带位置要比水的氧化电位更正，才能确保光激发产生的空穴有足够的氧化能力将 H_2O 氧化成 O_2；用作光阳极的 n 型半导体在电解液里要有良好的稳定性，不易被腐蚀；此外，作为光电极还要满足易制备、成本低、绿色环保等要求。目前，已有许多 n 型半导体材料被报道作为光阳极用于 PEC 分解水。

TiO_2 作为一种典型的 n 型半导体，一直备受学者的关注。然而，TiO_2 的固有缺点限制其在 PEC(光电化学)领域的进一步发展和应用。一方面，TiO_2 较宽的光学带隙(约 3.2eV)使其只对太阳光谱中的紫外光(<400nm)有响应，不能吸收利用约占太阳光谱总能量 45% 的可见光(400~760nm)；另一方面，TiO_2 光生载流子容易快速复合导致其光电催化活性降低。因此，拓宽 TiO_2 对可见光的吸收，抑制光生载流子的复合以提高 TiO_2 的 PEC 活性是 TiO_2 光电极的研究热点。Liu 等通过 Co_3O_4 量子点敏化 TiO_2，不仅提高了 TiO_2 的光敏性，还能改变 TiO_2 的功函数，促进载流子从 TiO_2 到 Co_3O_4 的转移；同时 Co_3O_4 量子点还能提供大量的反应活性位点促进析氧反应。Gao 等发现 Mg 掺杂可以调控 TiO_2 中固有的缺陷态，改变 TiO_2 的能带结构。Peng 等研究表明贵金属 Ag 的表面等离子共振效应可明显改善 TiO_2 的可见光响应并提高其光电催化活性。

ZnO 是另一种颇受关注的光阳极材料。作为一种电子载体，ZnO 在很多方面表现优于 TiO_2，受到了越来越多的研究关注。ZnO 具有较大的激子结合能(约 60meV)、较高的电子迁移率、体相内电子空穴复合概率低、载流子寿命长等显著的优点。与此同时，ZnO 具有很好的生长各向异性和结晶性，容易调控并制备出所需的纳米形貌，如纳米片、纳米棒、纳米颗粒等。一般合成的 ZnO 由于氧空位和间隙锌的存在，表现出了 n 型半导体的特性，其在电子、光催化以及光电催化中得到了广泛的应用。特别是一维有序的 ZnO 纳米阵列结构，由于其制备简单、载流子迁移率高、表面积大等优点，使得 ZnO 纳米阵列在光电催化方面得到了广泛关注并取得了很好的研究成果。然而，ZnO 的宽带隙限制了其在光电催化制氢中的应用。近年来，通过掺杂、量子点敏化、负载贵金属和构建异质结等方法，获得了许多有效提高 ZnO 光电催化活性的策略，使得 ZnO 在可见光下光电催化性能得到了显著的改善。

WO$_3$ 是一种典型的过渡金属氧化物，在理想状态下，WO$_3$ 的晶体结构属于立方晶系的三氧化铼（ReO$_3$）结构，是畸变的钙钛矿 ABO$_3$ 结构，由共顶点和共边的 O 原子形成 [WO$_6$] 八面体，W 原子位于该八面体的中央。但是在实际情况中，由于 [WO$_6$] 八面体的畸变和扭曲，WO$_3$ 呈现出不同的晶型结构。在 -40~740℃ 的温度范围内，随着温度的升高，WO$_3$ 的晶型结构分别为单斜相 II（ε-WO$_3$）、三斜相（δ-WO$_3$）、单斜相 I（γ-WO$_3$）、正交相（β-WO$_3$）和四方相（α-WO$_3$）。自 1976 年以色列学者 Hodes 等首次将 WO$_3$ 作为光阳极用于光电化学池成功分解水之后，WO$_3$ 作为一种用于光电化学分解水的光阳极材料逐渐引起国内外学者的研究兴趣。WO$_3$ 是一种具有间接带隙的 n 型半导体，其禁带宽度为 2.5~2.8eV，可以吸收 12% 的太阳能光谱。此外，WO$_3$ 的价带位置（3.0V vs NHE）远正于分解水的产氧电位，光生空穴的氧化能力较强，并且 WO$_3$ 具有较长的空穴扩散长度（约 150nm）和优异的电子运输特性（约 12cm$^2 \cdot$ V$^{-1} \cdot$ s^{-1}），在酸性电解液中化学性质稳定，更有利于 WO$_3$ 光阳极光电化学分解水的进行。基于以上优点，WO$_3$ 成为一种非常有前景的光阳极材料。

α-Fe$_2$O$_3$ 的禁带宽度为 1.9~2.2eV，因其可以吸收 580nm 以下的可见光、在碱性和中性环境中化学稳定性和光稳定性好、太阳光转化氢效率理论值高达 16% 等优点，α-Fe$_2$O$_3$ 也成为一种极具应用前景的半导体光阳极材料。然而，α-Fe$_2$O$_3$ 由于其载流子在体相中的快速重组，使得载流子寿命很短，且其吸收系数相对较低，需要 400~500nm 厚的膜才能达到最佳光吸收。再者，α-Fe$_2$O$_3$ 空穴扩散长度极短，水氧化动力学很慢，使得 α-Fe$_2$O$_3$ 一直是光电催化研究中的热点。大量研究表明，通过修饰改性 α-Fe$_2$O$_3$ 光阳极，调控光生载流子的分离和传输，可有效改善其光电转换性能。概括来说，α-Fe$_2$O$_3$ 的改性包括元素掺杂、形貌控制、构筑复合结构或异质结及负载助催化剂等。

BiVO$_4$ 也是一种非常有前景的光阳极材料，按照晶体结构主要分为三种晶型：四方锆石型（z-t）、单斜白钨矿型（s-m）以及四方白钨矿型（s-t）。其中以单斜白

钨矿型 $BiVO_4$(s-m)的光电催化活性最高，其具有合适的带隙(2.38eV)、良好的可见光吸收能力和高化学稳定性。另外，由于 Bi 元素原料丰富，$BiVO_4$ 还具有价格低廉等优势，在光电化学分解水制氢领域具有广阔的发展前景。然而，$BiVO_4$ 也存在光生电子-空穴分离与传输效率低、光生载流子易复合等问题，从而使其光电催化分解水制氢效率远达不到其理论值。通过改性技术如离子掺杂等，可以有效地提升 $BiVO_4$ 光电阳极材料的载流子浓度，促进光生载流子的分离与运输，从而提高其光电性能。

1.3.2　光阴极材料

用于 PEC 分解水的光阴极材料属于 p 型半导体(空穴型半导体，空穴浓度远大于电子浓度的半导体)。光阴极发生析氢反应，故 p 型半导体的导带位置需比 H_2O 的还原电位更负，光生电子才有充足的还原能力将 H_2O 还原成 H_2；另外，较宽的光响应范围、稳定的化学性能和低廉环保的制备方法，依然是 p 型半导体作为光阴极需要考虑的问题。迄今为止，科研工作者对诸多 p 型半导体作为光阴极用于 PEC 分解水进行了广泛研究和报道。

氧化铜(CuO)是一种窄带隙的 p 型半导体，它对可见光的响应范围很广，在模拟太阳光照下理论最大电流值为 $35mA/cm^2$，是理想光阴极候选材料之一。然而，CuO 光阴极的主要缺点是易发生光腐蚀，即光电流密度将随着光照时间的增加而迅速降低。目前已经报道许多改善 CuO 光阴极光腐蚀稳定性的方法。Cots 等合成了 $CuO/CuFe_2O_4$ 核/壳结构纳米线，研究发现通过浸渍方法掺入铁，然后进行高温热处理以促进纳米线从 CuO 到三价铜铁氧化物的转变，进而改善 CuO 的光电稳定性。Masudy-Panah 等通过在金铜表面上沉积金-钯($Au-Pd$)纳米粒子，制备出稳定高效的 CuO 光阴极。Shaislamov 等证实 CuO/ZnO 光电极的分层纳米棒状结构有利于光吸收，并能降低电极/电解质界面的电荷转移阻抗。同时，ZnO 外层有效地抑制了 CuO 的光腐蚀，其稳定性提高约 82.13%。

Cu_2O 也是有一种可作为光阴极用于 PEC 分解水的 p 型半导体材料。Cu_2O 具有适宜的能带位置，导带位置在热力学上满足水分解析氢的条件；它的光学带隙约为 2eV，可见光响应范围广；理论光电流密度可达 $14.7mA/cm^2$。因此，Cu_2O 被认为是颇具潜力的光阴极之一。本课题组采用电沉积法在 FTO 上制备得到 Cu_2

O 薄膜，将其作为光阴极用于 PEC 分解水时，光电流密度为-0.63mA/cm²(0V vs RHE❶)。在此基础上利用 Au 和 Pt，进一步改善了 Cu₂O 光阴极的光电性能，Au/Cu₂O/Pt 复合薄膜的光电流密度为-3.55mA/cm²(0V vs RHE)，是 Cu₂O 薄膜的 4.63 倍。Ma 等通过电化学沉积、浸渍提拉、煅烧等工艺流程制备新型 Cu₂O/g-C₃N₄复合电极用于光电催化分解水制氢。与纯 Cu₂O 薄膜相比，Cu₂O/g-C₃N₄复合电极显示明显增强的 PEC 性能，主要归因于 Cu₂O/g-C₃N₄复合电极薄膜中 p-n 结的形成，促进了光生载流子的分离并抑制 Cu₂O 的光腐蚀。

在 p 型半导体中，CuInS₂由于其可调节的带隙(1.5~1.9eV)，适宜的能带结构使其成为有前景的光阴极材料之一。然而，由于光生电子空穴对较高的复合率，单一 CuInS₂光阴极的 PEC 性能没有达到预期的效果。目前，学者采用多种策略对其进行改性研究。例如，Liu 等制备了 CuInS₂光阴极并在其顶部和低部沉积助催化剂 Pt 和 FeOOH 以改善其 PEC 活性。FeOOH 层可以捕获 CuInS₂中的空穴，然后将空穴通过导电玻璃和导线转移到对电极。Pt 层可以捕获电子并将其从 CuInS₂转移到表面以进行水的还原反应。FeOOH 和 Pt 的协同作用有效促进电子空穴对的分离，从而改善了 CuInS₂薄膜的 PEC 性能。Zhang 等制备了由 C₆₀修饰的 CuInS₂/SnS₂异质结多孔复合薄膜用于 PEC 水分解。与单一 CuInS₂相比，通过异质结构筑和负载 C₆₀可有效提高光阴极的可见光吸收率。光致发光光谱和阻抗谱分析表明，CuInS₂/SnS₂异质结的形成和 C₆₀的修饰促进电子-空穴对的分离并提供了载流子传输的能力。

1.4 提高光电极催化性能的策略

影响半导体光电极 PEC 性能的主要因素包括：较宽的光学带隙导致半导体对可见光的响应范围较小，较差的导电性和缓慢的表面析氧动力学导致光电极体相和表面载流子分离效率较低。这些缺点限制了光电极的 PEC 活性，导致其实际光电转换效率没有达到预期值，阻碍光电极在 PEC 分解水领域的进一步发展和应用。因此，以下将针对半导体光电催化材料的改性方面进行归纳总结。

1.4.1 微观形貌与结构调控

形貌调控是改善光电极 PEC 性能的方法之一，通过改变实验的 pH 值、反应

---

❶ RHE 指的是可逆氢电极，vs RHE 意为参比可逆氢电极。

温度、反应时间、原料组分等工艺参数，同一种物质可以获得不同形貌。形貌调控对光吸收、光生载流子的分离和电极/电解液界面接触面积都会产生一定的影响。有效的形貌调控可以增强光电极对可见光的捕获吸收，增大电极与电解液界面的接触面积，有效地促进光生载流子的快速分离，从而改善光电极的 PEC 性能。Cho 等制备得到 TiO_2 纳米颗粒、纳米棒和多级结构的 TiO_2 纳米材料，并比较了不同形貌 TiO_2 光电极的 PEC 性能。他们发现分支结构的 TiO_2 纳米棒具有更高的光电流和光电转换效率，这是因为分支结构的 TiO_2 纳米棒比表面积更大，为 PEC 水分解反应提供更多的表面反应位点，且缩短了载流子的扩散长度，利于光生载流子的转移和传输。Liu 等通过在水热制备过程中加入不同的添加剂，制备得到方形棱柱状、纳米棒状和多面块体状的 α-Fe_2O_3 薄膜。在三种不同形貌的 α-Fe_2O_3 薄膜中，α-Fe_2O_3 纳米棒薄膜表现出最好的光电化学性能，这归因于 α-Fe_2O_3 纳米棒具有直径小、通孔多、沿垂直于衬底的方向生长和高施主密度，这些特点有利于提高 α-Fe_2O_3 纳米棒对可见光的吸收以及光生载流子的分离。

1.4.2　同质结和异质结复合结构的构筑

构筑同质结或异质结也是改善半导体材料光电催化性能的途径之一。在较宽带隙半导体上复合较窄带隙且能带结构匹配的半导体构筑异质结能够拓宽可见光响应范围。同时，光生电子从较高导带的半导体转移到较低导带的半导体上，光生空穴从较低价带的半导体转移到较高价带的半导体上，有利于促进光生载流子分离，达到提高光电极 PEC 性能的目的。特别地，由成分相同的材料构成的同质结，由于其独特的小点阵错配特性和化学键的连续性，可以减少界面间电荷转移的阻碍，有利于载流子在界面间的分离。因此，在光电极的设计中，构筑具有晶格匹配的同质结结构来提高界面处载流子的分离效率也具有非常重要的应用前景。Hao 等采用水热法和化学水浴法制备得到 TiO_2/Ag_2O 异质结纳米阵列，将其作为光电极用于太阳能光电化学分解水。经表征发现，在 1.23V（vs RHE）偏压下，TiO_2/Ag_2O p-n 异质结阵列的光电流密度是单一 TiO_2 的 2 倍。光电流密度的提高归因于 p 型 Ag_2O 与 n 型 TiO_2 构筑形成异质结有效促进光生载流子的空间分离。Feng 等在氟掺杂氧化锡（FTO）上制备了聚合物（pDEB）梯度同质结，有效地促进光生载流子的分离与传输，增强聚合物的光电化学分解水制氢的性能。在电压为 0.3 V 的情况下，该梯度同质结的光电流为 $55\mu A \cdot cm^{-2}$，超过目前的有机半导体。本课题组设计并制备了 1D WO_3/2D WO_{3-x} 和 Ca-Fe_2O_3/Fe_2O_3 等一系列同质结，得益于良好的晶格匹配和不同形貌、导电性的设计，实现了光吸收效率和载流子分离效率的大幅度提升，有效增强了电极的光电催化性能。

1.4.3　助催化剂的修饰改善光电极的反应动力学

PEC 水分解反应是一个热力学上坡反应，涉及多个电子转移过程。在光电极表面负载合适的助催化剂，对提高 PEC 水分解的动力学性能和降低其起始电位具有重要意义。助催化剂为水的氧化还原提供活性位点，通过降低活化能加速氧化还原反应，并通过快速捕获光生载流子抑制其复合，从而实现对半导体 PEC 性能的提高。目前，常用的析氢助催化剂主要有金属助催化剂、过渡金属硫化物、过渡金属氧化物/氢氧化物以及磷化物助催化剂等。其中，金属助催化剂是目前使用最广、催化活性较高的一类助催化剂，以 Pt、Au、Ag、Pd 为代表。例如，Das-gupta 等采用原子层沉积法在 p 型 Si 纳米线阵列上沉积 Pt 纳米粒子，通过改变原子层沉积的生长周期，获得厚度为 0.5～3nm 的 Pt 层，在光照下，Si/Pt 光电极的电流密度得到了显著增加。然而，金属助催化剂的高成本限制了其广泛应用。因此，寻找低成本的过渡金属助催化剂也是研究者关注的一个方向。过渡金属硫化物以其适宜的禁带宽度、独特的电学和光学性质以及较高的析氢催化活性等优点引起了研究者们广泛的关注，近些年相继出现了各种过渡金属硫化物作为助催化剂修饰的复合半导体光催化剂，如 MoS_2、WS_2、CuS 等。此外，过渡金属氧化物、氢氧化物和磷化物也常被用作助催化剂以提高光电催化材料的性能，它们的作用类似于金属硫化物助催化剂，在助催化剂和半导体间的电荷转移能够在界面处形成内建电场，驱动载流子的分离。析氧助催化剂主要有 FeOOH、NiOOH、Co-Pi 和 LDHs 等。Zhong 等在 α-Fe_2O_3 光阳极上电沉积 Co-Pi，Co-Pi 的负载使得 α-Fe_2O_3 光阳极的起始电位向左偏移 350 mV，显著提高其太阳能产氢转换效率。FeOOH、NiOOH 等已被证实可以增强载流子的表面分离，降低界面空穴向电解质转移的阻力，提高 WO_3 的抗光腐蚀稳定性。近年来，我们课题组也在助催化剂修饰改善光电极反应动力学方面开展了系列性研究工作，为光电极光电催化分解水的理论研究和实际应用提供了新的思路。

参　考　文　献

[1] Wang W, Xu M, Xu X, et al. Perovskiteoxide based electrodes for high performance photoelectro-chemical water splitting[J]. Angewandte Chemie International Edition, 2020, 59: 136-152.

［2］李艳婷. 氧化钨同质结复合电极的构筑及光电催化性能的研究［D］. 天津：天津城建大学，2020.

［3］张博. 提高光电化学过程中光生载流子分离效率的探索及高效光电极的设计与制备［D］. 济南：山东大学，2017.

［4］Fujishima A，Honda K. Electrochemical photolysis of water at a semiconductor electrode［J］. Nature，1972，238：37−38.

［5］Xu X，Bao Z，Tang W，et al. Surface states engineering carbon dots as multi−band light active sensitizers for ZnO nanowire array photoanode to boost solar water splitting［J］. Carbon，2017，121：201−208.

［6］Zhang R，Ning F，Xu S，et al. Oxygen vacancy engineering of WO_3 toward largely enhanced photoelectrochemical water splitting［J］. Electrochimica Acta，2018，274：217−223.

［7］Qiu P，Yang H，Song Y，et al. Potent and environmental−friendly L−cysteine@ Fe_2O_3 nanostructure for photoelectrochemical water splitting［J］. Electrochimica Acta，2018，259：86−93.

［8］Zhang B，Zhang H，Wang Z，et al. Doping strategy to promote the charge separation in $BiVO_4$ photoanodes［J］. Applied Catalysis B：Environmental，2017，211：258−265.

［9］Behera A，Kandi D，Martha S，et al. Constructiveinterfacial charge carrier separation of a p−$CaFe_2O_4$@ n−$ZnFe_2O_4$ heterojunction architect photocatalyst toward photodegradation of antibiotics［J］. Inorganic Chemistry，2019，58：16592−16608.

［10］Yu X，Yang P，Chen S，et al. NiFe alloy protected silicon photoanode for efficient water splitting［J］. Advanced Energy Materials，2017，7：1601805.

［11］Jung K，Lim T，Bae H，et al. Cu_2O Photocathode with faster charge transfer by fully reacted Cu seed layer to enhance performance of hydrogen evolution in solar water splitting Applications［J］. ChemCatChem，2019，11：4377−4382.

［12］Kushwaha A，Moakhar R S，Goh G K，et al. Morphologically tailored CuO photocathode using aqueous solution technique for enhanced visible light driven water splitting［J］. Journal of Photochemistry Photobiology A：Chemistry，2017，337：54−61.

［13］Berglund S P，Abdi F F，Bogdanoff P，et al. Comprehensive evaluation of $CuBi_2O_4$ as a photocathode material for photoelectrochemical water splitting［J］. Chemistry of Materials，2016，28：4231−4242.

［14］Altaf Ç T，Sankir N D. Colloidal synthesis of $CuInS_2$ nanoparticles：crystal phase design and thin film fabrication for photoelectrochemical solar cells［J］. International Journal of Hydrogen Energy，2019，44：18712−18723.

［15］Ida S，Kearney K，Futagami T，et al. Photoelectrochemical H_2 evolution using TiO_2−coated $CaFe_2O_4$ without an external applied bias under visible light irradiation at 470 nm based on device modeling[J]. Sustainable Energy & Fuels, 2017, 1: 280-287.

[16] Karkare M. Effect ofmetal doping on bandgap of titanium dioxide anatase nanoparticles[J]. Asian Journal of Advanced Basic Sciences, 2018, 6: 68-72.

[17] Liu J, Ke J, Li Y, et al. Co_3O_4 quantum dots/TiO_2 nanobelt hybrids for highly efficient photocatalytic overall water splitting[J]. Applied Catalysis B: Environmental, 2018, 236: 396-403.

[18] Gao L, Li Y, Ren J, et al. Passivation of defect states in anatase TiO_2 hollow spheres with Mg doping: realizing efficient photocatalytic overall water splitting[J]. Applied Catalysis B: Environmental, 2017, 202: 127-133.

[19] Peng C, Wang W, Zhang W, et al. Surface plasmon-driven photoelectrochemical water splitting of TiO_2 nanowires decorated with Ag nanoparticles under visible light illumination[J]. Applied Surface Science, 2017, 420: 286-295.

[20] Tayebi M, Tayyebi A, Masoumi Z, et al. Photocorrosion suppression and photoelectrochemical (PEC) enhancement of ZnO via hybridization withgraphene nanosheets[J]. Applied Surface Science, 2020, 502: 144189.

[21] Ma X, Li H, Liu T, et al. Comparison of photocatalytic reaction-induced selective corrosion with photocorrosion: Impact on morphology and stability of Ag-ZnO[J]. Applied Catalysis B: Environmental, 2017, 201: 348-358.

[22] Zhang S, Liu Z, Ruan M, et al. Enhanced piezoelectric-effect-assisted photoelectrochemical performance in ZnO modified with dual cocatalysts[J]. Applied Catalysis B: Environmental, 2020, 262: 118279.

[23] Ding M, Yao N, Wang C, et al. ZnO@ CdS core-shell heterostructures: fabrication, enhanced photocatalytic, and photoelectrochemical performance[J]. Nanoscale Research Letters, 2016, 11: 1-7.

[24] Hodes G, Cahen D, Manassen J. Tungsten trioxide as a photoanode for a photoelectrochemical cell (PEC)[J]. Nature, 1976, 260: 312-313.

[25] Wang Y, Tian W, Chen C, et al. Tungsten trioxide nanostructures for photoelectrochemical water splitting: material engineering and charge carrier dynamic manipulation [J]. Advanced Functional Materials, 2019, 29: 1809036.

[26] Zheng G, Wang J, Liu H, et al. Tungsten oxide nanostructures and nanocomposites for photoelectrochemical water splitting[J]. Nanoscale, 2019, 11: 18968-18994.

[27] Zhao Y, Balasubramanyam S, Sinha R, et al. Physical and chemical defects in WO_3 thin films and their impact on photoelectrochemical water splitting[J]. ACS Applied Energy Materials, 2018, 1: 5887-5895.

[28] Chen D, Liu Z. Dual-axial gradient doping (Zr and Sn) on hematite for promoting charge sepa-

ration in photoelectrochemical water splitting[J]. ChemSusChem, 2018, 11: 3438-3448.

[29] Chen D, Liu Z, Zhou M, et al. Enhanced photoelectrochemical water splitting performance of α-Fe_2O_3 nanostructures modified with Sb_2S_3 and cobalt phosphate [J]. Journal of Alloys Compounds, 2018, 742: 918-927.

[30] Chen D, Liu Z, Guo Z, et al. 3Dbranched $Ca-Fe_2O_3/Fe_2O_3$ decorated with Pt and Co-Pi: improved charge separation dynamics and photoelectrochemical performance[J]. ChemSusChem, 2019, 12: 3286-3295.

[31] Bian J, Qu Y, Zhang X, et al. Dimension-matched plasmonic $Au/TiO_2/BiVO_4$ nanocomposites as efficient wide-visible-light photocatalysts to convert CO_2 and mechanistic insights[J]. Journal of Materials Chemistry A, 2018, 6: 11838-11845.

[32] Vo T-G, Tai Y, Chiang C-Y. Novel hierarchical ferric phosphate/bismuth vanadate nanocactus for highly efficient and stable solar water splitting[J]. Applied Catalysis B: Environmental, 2019, 243: 657-666.

[33] Zhong X, He H, Yang M, et al. In^{3+}-doped $BiVO_4$ photoanodes with passivated surface states for photoelectrochemical water oxidation [J]. Journal of Materials Chemistry A, 2018, 6: 10456-10465.

[34] Cots A, Bonete P, Gómez R. Improving the stability and efficiency of CuO photocathodes for solar hydrogen production through modification withiron [J]. ACS Applied Materials & Interfaces, 2018, 10: 26348-26356.

[35] Masudy-Panah S, Siavash Moakhar R, Chua C S, et al. Stable and efficient CuO based photocathode through oxygen-rich composition and Au-Pd nanostructure incorporation for solar-hydrogen production[J]. ACS Applied Materials & Interfaces, 2017, 9: 27596-27606.

[36] Shaislamov U, Krishnamoorthy K, Kim S J, et al. Facile fabrication and photoelectrochemical properties of a CuO nanorod photocathode with a ZnO nanobranch protective layer[J]. RSC Advances, 2016, 6: 103049-103056.

[37] Hsu Y-K, Yu C-H, Chen Y-C, et al. Synthesis of novel Cu_2O micro/nanostructural photocathode for solar water splitting[J]. Electrochimica Acta, 2013, 105: 62-68.

[38] Chen D, Liu Z, Guo Z, et al. Enhancing light harvesting and charge separation of Cu_2O photocathodes with spatially separated noble-metal cocatalysts towards highly efficient water splitting [J]. Journal of Materials Chemistry A, 2018, 6: 20393-20401.

[39] Ma X, Zhang J, Wang B, et al. Hierarchical Cu_2O foam/$g-C_3N_4$ photocathode for photoelectrochemical hydrogen production[J]. Applied Surface Science, 2018, 427: 907-916.

[40] Tu X, Li M, Su Y, et al. Self-templated growth of $CuInS_2$ nanosheet arrays for photoelectrochemical water splitting[J]. Journal of Alloys Compounds 2019, 809: 151794.

［41］ Liu Z, Lu X, Chen D. Photoelectrochemical water splitting of $CuInS_2$ photocathode collaborative modified with separated catalysts based on efficient photogenerated electron−hole separation［J］. ACS Sustainable Chemistry & Engineering, 2018, 6: 10289−10294.

［42］ Zhang F, Chen Y, Zhou W, et al. Hierarchical $SnS_2/CuInS_2$ nanosheet heterostructure films decorated with C_{60} for remarkable photoelectrochemical water splitting［J］. ACS Applied Materials & Interfaces, 2019, 11: 9093−9101.

［43］ Dey K K, Gahlawat S, Ingole P P. $BiVO_4$ optimized to nano−worm morphology for enhanced activity towards photoelectrochemical water splitting［J］. Journal of Materials Chemistry A, 2019, 7: 21207−21221.

［44］ Cho I S, Chen Z, Forman A J, et al. Branched TiO_2 nanorods for photoelectrochemical hydrogen production［J］. Nano Letters, 2011, 11: 4978−4984.

［45］ Liu Q, Chen C, Yuan G, et al. Morphology−controlled $\alpha-Fe_2O_3$ nanostructures on FTO substrates for photoelectrochemical water oxidation［J］. Journal of Alloys Compounds, 2017, 715: 230−236.

［46］ Moniz S J, Shevlin S A, Martin D J, et al. Visible−light driven heterojunction photocatalysts for water splitting−a critical review［J］. Energy & Environmental Science, 2015, 8: 731−759.

［47］ Liu Y, Ren F, Shen S, et al. Vacancy−doped homojunction structural TiO_2 nanorod photoelectrodes with greatly enhanced photoelectrochemical activity［J］. International Journal of Hydrogen Energy, 2018, 43: 2057−2063.

［48］ Wang X, Xia R, Muhire E, et al. Highly enhanced photocatalytic performance of TiO_2 nanosheets through constructing TiO_2/TiO_2 quantum dots homojunction［J］. Applied Surface Science, 2018, 459: 9−15.

［49］ Hao C, Wang W, Zhang R, et al. Enhanced photoelectrochemical water splitting with TiO_2@Ag_2O nanowire arrays via pn heterojunction formation［J］. Solar Energy Materials & Solar Cells, 2018, 174: 132−139.

［50］ Zhang S, Yan J, Yang S, et al. Electrodeposition of $Cu_2O/g-C_3N_4$ heterojunction film on an FTO substrate for enhancing visible light photoelectrochemical water splitting［J］. Chinese Journal of Catalysis, 2017, 38: 365−371.

［51］ Sun H, Neumann C, Zhang T, et al. Poly (1, 4−Diethynylbenzene) gradient homojunction with enhanced charge carrier separation for photoelectrochemical water reduction［J］. Advanced Materials, 2019, 31: 1900961.

［52］ Zhang B, Wang L, Zhang Y, et al. Ultrathin FeOOH nanolayers with abundant oxygen vacancies on $BiVO_4$ photoanodes for efficient water oxidation［J］. Angewandte Chemie International Edition, 2018, 57: 2248−2252.

[53] Dasgupta N P, Liu C, Andrews S, et al. Atomic layer deposition of platinum catalysts on nanowire surfaces for photoelectrochemical water reduction[J]. Journal of the American Chemical Society, 2013, 135: 12932-12935.

[54] Han B, Liu S, Zhang N, et al. One-dimensional CdS@ MoS$_2$ core-shell nanowires for boosted photocatalytic hydrogen evolution under visible light[J]. Applied Catalysis B: Environmental, 2017, 202: 298-304.

[55] Hu C-C, Teng H. Structural features of p-type semiconducting NiO as a co-catalyst for photocatalytic water splitting[J]. Journal of Catalysis, 2010, 272: 1-8.

[56] Zhou X, Luo Z, Tao P, et al. Facile preparation and enhanced photocatalytic H$_2$-production activity of Cu(OH)$_2$ nanospheres modified porous g-C$_3$N$_4$[J]. Materials Chemistry and Physics, 2014, 143: 1462-1468.

[57] Dong Y, Kong L, Wang G, et al. Photochemical synthesis of Co$_x$P as cocatalyst for boosting photocatalytic H$_2$ production via spatial charge separation[J]. Applied Catalysis B: Environmental, 2017, 211: 245-251.

[58] Zhong D K, Sun J, Inumaru H, et al. Solar water oxidation by composite catalyst/α-Fe$_2$O$_3$ photoanodes[J]. Journal of the American Chemical Society, 2009, 131: 6086-6087.

[59] Fan X, Gao B, Wang T, et al. Layered double hydroxide modified WO$_3$ nanorod arrays for enhanced photoelectrochemical water splitting[J]. Applied Catalysis A: General, 2016, 528: 52-58.

[60] Li L, Xiao S, Li R, et al. Nanotube array-like WO$_3$ photoanode with dual-layer oxygen-evolution cocatalysts for photoelectrocatalytic overall water splitting[J]. ACS Applied Energy Materials, 2018, 1: 6871-6880.

第 2 章 氧化钛基光电极构筑 及光电催化性能研究

2.1 引言

二氧化钛(TiO_2)通常存在三种晶体结构，分别为锐钛矿型、金红石型和板钛矿型。在自然条件下，金红石结构的 TiO_2 最稳定。在这三种晶体结构中，每个 Ti^{4+} 与 6 个 O^{2-} 配位，形成[TiO_6]八面体。金红石和锐钛矿相的 TiO_2 均从属于四方晶系，但差别在于其八面体结构内部扭曲和链的组合存在差异。金红石相的八面体结构是体心四方平行六面体，钛原子位于六个氧组成的[TiO_6]中央，两个[TiO_6]八面体通过共顶点且共边沿(001)晶面成链状排列，形成稍有畸变的结构。对于锐钛矿相的 TiO_2 来说，其八面体结构对称性明显不如金红石，其中两个 Ti—O 键稍长于其他四个键，并且有些 O—Ti—O 键角偏离 90°，两个[TiO_6]通过共顶点形成(001)晶面，所以锐钛矿型的 TiO_2 可视为四面体结构。板钛矿相 TiO_2 属斜方晶系，其[TiO_6]八面体通过共边共点形成正交结构，与金红石和锐钛矿相比，其结构较为复杂且稳定性较差，因此在实际应用中以金红石和锐钛矿相 TiO_2 为主。

从 20 世纪 90 年代起，科学家们便对 TiO_2 的结构、制备、物理化学性能等进行了大量的研究。同时，作为最早被发现具有光电催化分解水能力的半导体光电极，TiO_2 的研究在光电催化领域中发挥了重要的作用。TiO_2 是一种 n 型半导体，其禁带宽度约为 3.2eV，且具备同时产氢和产氧的能力。但其禁带较宽，对太阳光的利用效率低，因此研究对 TiO_2 结构的优化和性能的改善对其在光电催化上的应用具有深远的意义。

本章以 TiO_2 光电极为研究对象，重点介绍 TiO_2 纳米阵列的制备，以及 TiO_2 基纳米异质结、同质结的构筑及其光电催化行为，并阐明了其光电催化机理。

2.2 TiO$_2$ 纳米阵列及其纳米分级结构的制备

二氧化钛纳米棒的制备工艺是在 Liu 等基础上改进优化而来的。以钛酸丁酯、浓盐酸、乙二醇、饱和 NaCl 溶液、十六烷基三甲基溴化铵（CTAB）及尿素配制水热反应前驱体溶液，然后经高压反应釜水热反应一定时间，冷却、清洗，即得到二氧化钛纳米棒阵列（TiO$_2$ NRs）。具体制备过程如下：

首先，量取 6mL 去离子水、6mL 浓盐酸、0.48mL 乙二醇、0.8mL 饱和 NaCl 溶液、0.1g 尿素、0.07g CTAB（十六烷基三甲基溴化铵）混合，磁力搅拌 5min 待溶液混合均匀后，边搅拌变滴加 0.16mL 钛酸四丁酯，再继续搅拌 5min，得到均一的前驱体溶液。其次，取 FTO 导电玻璃为基底，经丙酮、异丙醇、无水乙醇超声清洗后，导电面向下放置于容积为 20mL 的聚四氟乙烯内衬中；然后将前驱体溶液转移到聚四氟乙烯内衬中，置于反应釜中 150℃ 进行水热反应 6 h 后，自然冷却至室温，将样品取出清洗，于 60℃ 下烘干得到一维 TiO$_2$ 纳米棒阵列。

在一维 TiO$_2$ 纳米棒阵列的基础上，通过二次水热反应生长制备 TiO$_2$ 枝状分级纳米结构（TiO$_2$ BNRs），具体制备过程如下。

1. TiO$_2$ 种子层溶胶的制备

TiO$_2$ 种子层前驱体材料为钛酸丁酯，溶剂为无水乙醇，稳定剂为二乙醇胺。采用 0.2mol/L TiO$_2$ 溶胶进行种子层的制备，具体步骤如下：首先，量取 3.42mL 钛酸丁酯、0.95mL 二乙醇胺，与 43.67mL 的无水乙醇混合，经磁力搅拌器充分搅拌得到混合溶液；其次，将 0.178mL 去离子水、1.78mL 乙醇混合液（按 1∶10 比例混合）逐滴加入上述溶液，继续搅拌；最后，室温下磁力搅拌 2 h 后，陈化 24h，得到淡黄色、透明并具有较好稳定性的 TiO$_2$ 种子层溶胶。

2. TiO$_2$ 种子层制备

采用溶胶-凝胶法并结合浸渍-提拉工艺在 TiO$_2$ NRs/FTO 上进行 TiO$_2$ 种子层制备。首先，将 TiO$_2$ NRs/FTO 垂直、匀速（6cm/min）地浸入上述溶胶，静置 20s 后，以相同的速度将 TiO$_2$ NRs/FTO 提拉出溶胶；其次，将覆有溶胶薄膜的 TiO$_2$ NRs/FTO 在烘箱中于 100℃ 下干燥 60min，再置于马弗炉中进行热处理，在 450℃ 保温 120min 后自然冷却至室温得到 TiO$_2$ 种子层样品。

3. TiO₂ BNRs 的生长制备

量取 12mL 乙醇、0.1mL 浓盐酸及 0.2mL 钛酸丁酯混合并磁力搅拌均匀后，得到均一的前驱体生长溶液。然后将具有种子层的 TiO₂ NRs/FTO 放置在 20mL 的聚四氟乙烯内衬中，且 TiO₂ 薄膜面向下；将二次生长前驱体溶液转移到聚四氟乙烯内衬中，放入反应釜，在 150℃ 下水热反应 1.5h 后自然冷却至室温，将样品取出洗净，于 60℃ 下烘干得到 TiO₂ 枝状分级纳米结构阵列。

图 2-1 为上述方法制备的 TiO₂ NRs 及 TiO₂ BNRs 的 XRD 图谱。a 和 b 两条图谱曲线所示，所有衍射峰表明 FTO 玻璃基底具有 SnO₂ 四方金红石相结构（JCPDS No. 46-1088）。如图谱 a 所示，TiO₂NRs 纳米棒阵列的 XRD 图谱在 2θ 为 36.1° 和 63.2° 处的特征衍射峰分别对应于金红石相二氧化钛（101）和（002）晶面（JCPDS No. 21-1276）。该 XRD 图谱中峰形尖锐且没有明显杂峰，表明 TiO₂ 纳米晶体的结晶度良好。其中，（002）面所对应的衍射峰为第一强峰，进一步说明 TiO₂ 纳米棒阵列沿与导电基底相垂直的(001)面取向生长。图谱 b 为 TiO₂ BNRs 的 XRD 图谱，各特征峰与金红石相二氧化钛匹配良好，与图谱 a 相比，TiO₂ BNRs 的（002）晶面相对变弱，主要是在一维 TiO₂NRs 纳米棒主干上，二次水热生长出了大量无序的细小树枝状结构，而这些小的枝状结构具有相对较弱的结晶度。在两条图谱曲线中，衍射峰（110）和（111）都未出现，表明所制备的二氧化钛纳米棒阵列垂直有序地分布在 FTO 基底上，并且在所有的衍射图谱中都没有锐钛矿相的出现。

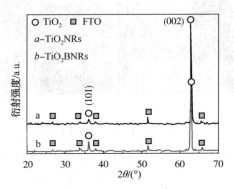

图 2-1　水热反应制备的 TiO₂ NRs
及 TiO₂ BNRs XRD 谱图

图 2-2 为 TiO₂NRs 纳米棒阵列的 SEM 图片。从图中可以看出，TiO₂ 纳米棒

表面光滑并且垂直分布于 FTO 玻璃基底上。TiO_2 纳米棒的直径分布均匀,并且呈现出有棱角的四方棱柱形状。由低分辨 SEM 图片可知,通过水热法在 FTO 玻璃基底上制备出了大范围均匀分布的 TiO_2 纳米棒阵列,如图 2-2(b) 所示。

图 2-2　TiO_2 NRs SEM 照片

在 TiO_2 NRs 的基础上,经二次水热生长,制备得到了 TiO_2 BNRs 薄膜。图 2-3 为 TiO_2 BNRs 的 SEM 图片。从图中可以看出,TiO_2 BNRs 具有纳米棒的骨架结构,仍然垂直分布在 FTO 玻璃基底上,但以纳米棒为主干,在其周围生长出了大量的细小树枝状结构。正是这些细小树枝的出现,大大提高了 TiO_2 BNRs 的比表面积,对太阳光吸收率及敏化剂负载量的提高具有积极的意义。图 2-3(b) 表明 TiO_2 BNRs 在 FTO 玻璃基底上呈现出均匀分布。

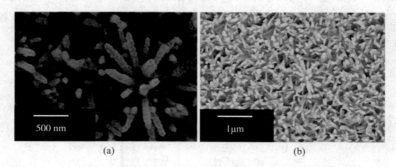

图 2-3　树枝状 TiO_2 BNRs 分级纳米结构 SEM 照片

根据所制备样品的形貌特征,我们分析了 TiO_2 BNRs 的形成机理,如图 2-4 所示。将覆盖有种子层的 TiO_2 NRs 纳米棒阵列放入高压反应釜中,加入以钛酸丁酯为前驱体的生长溶液后,随着反应温度的不断升高,钛酸丁酯优先在水-二氧化钛界面上发生水解,产生大量的 Ti^{4+};由于 TiO_2 NRs 纳米棒表面覆盖有大量的种子层,导致其表面出现大量的高能态活性点位,大量 Ti^{4+} 最先迁移到这些高活性点位周围。随着水热反应的继续进行，大量微小的二氧化钛纳米晶进一步成核、生长，形成树枝状结构。

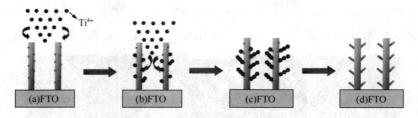

图 2-4　树枝状 TiO_2BNRs 分级纳米结构生长机理示意图

2.3　TiO_2 同质结的构筑及光电性能研究

锐钛矿和金红石作为 TiO_2 重要的两种晶相，都具有光电催化活性，且 TiO_2 的众多性质均与其晶体结构相关。研究表明，TiO_2 多相复合材料可以通过合理的能级结构设计，实现光生载流子分离效率的提升，从而增强光电催化活性。因此，设计 TiO_2 不同相组合的同质结复合材料是一种有效增强光电性能的策略。与此同时，由于是一种材料的不同相结，这种同质结的界面处晶格连续程度高、缺陷少。Chen 等已经证明了这种同质结在 $\alpha\text{-}Fe_2O_3$ 上的应用，通过 Ca 掺杂制备了 p 型 $\alpha\text{-}Fe_2O_3$，再与 n 型 $\alpha\text{-}Fe_2O_3$ 薄膜复合构筑了三维树突状形貌的 p-n 同质结。结果表明，该同质结具有极佳的光电催化性能，这归因于同质结的晶格高度匹配，有效降低了内部缺陷浓度，抑制了光生电子-空穴的复合。

此外，氧空位和 Ti^{3+} 是决定 TiO_2 表面和电子性质的关键因素。氧空位作为一种浅施主掺杂剂，不仅能够增加载流子浓度，而且可以抑制光生载流子的重组。富含氧空位的 TiO_2 样品导电性得到提高，弥补了因捕获载流子带来的电子传输效率低下的问题，从而表现出优异的光电性能。我们通过水热法在金红石相 TiO_2（$r\text{-}TiO_2$）纳米棒阵列上制备了锐钛矿相 TiO_2（$a\text{-}TiO_2$）纳米棒分支，得到了三维结构的 $r\text{-}TiO_2/a\text{-}TiO_2$ 同质结，并通过酸处理在锐钛矿 TiO_2 中引入氧空位；研究了该三维结构同质结对 TiO_2 光生载流子分离和传输的调控作用以及与氧空位的协同作用对 TiO_2 光电性能的增强机制。

2.3.1　氧空位掺杂锐钛矿/金红石 TiO_2 同质结的形貌及结构表征

图 2-5 所示为 $r\text{-}TiO_2$ 和 $r\text{-}TiO_2/a\text{-}TiO_2$ 同质结的正面和断面 SEM 图片。利用

水热法制备的金红石相 TiO$_2$ 纳米棒(NRs)阵列表面光滑，紧密垂直排列在 FTO 基底上，纳米棒直径约为 70nm，长度约为 2.3 μm。随后，再次利用水热法在 r-TiO$_2$ 纳米棒的顶部合成了 a-TiO$_2$。从图中可观察到，a-TiO$_2$ 呈海胆状，细小的纳米棒纵横交错形成网络结构，得到了三维结构的 r-TiO$_2$/a-TiO$_2$ 同质结复合材料。

图 2-5　r-TiO$_2$ 和 r-TiO$_2$/a-TiO$_2$ 同质结的正面和断面 SEM 图

(a)r-TiO$_2$ 光电阳极的正面及 SEM 图片；(b)r-TiO$_2$/a-TiO$_2$ 光电阳极的正面及 SEM 图片；

(c)r-TiO$_2$ 的侧面 SEM 图片；(d)r-TiO$_2$/a-TiO$_2$ 的侧面 SEM 图片

为了证明 r-TiO$_2$/a-TiO$_2$ 同质结的成功合成，利用 XRD 表征了样品的晶相组成，如图 2-6 所示。从 XRD 图谱可知，对于 r-TiO$_2$，除了 FTO 基底中 SnO$_2$ 的衍射峰(标为"▼")外，位于 2θ 为 27.4°、36.0°、41.2°、54.2° 和 62.7°处的特征峰分别对应于金红石相 TiO$_2$ 中的(110)(101)(111)(211)和(002)晶面(JCPDS 03-1122)。在进行二次水热后，在 2θ 为 25.3°处出现了新的衍射峰，与锐钛矿相 TiO$_2$ 标准卡片(JCPDS 21-1272)中的(101)晶面对应，证明我们成功合成了锐钛矿相 TiO$_2$。在酸处理前后，各衍射峰无明显变化。

图 2-7 为 r-TiO$_2$ 和 r-TiO$_2$/a-TiO$_2$ 同质结的拉曼光谱图。图中位于 241cm^{-1}、446cm^{-1} 和 610cm^{-1} 处的特征峰对应于金红石相 TiO$_2$，而同质结复合材料的光谱中

在 160cm⁻¹处出现了属于锐钛矿相 TiO₂的特征峰，进一步证明了 r-TiO₂/a-TiO₂同质结的成功制备。

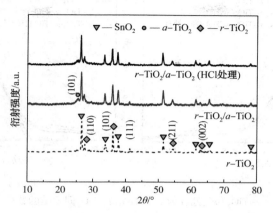

图 2-6　r-TiO₂和酸处理前后

r-TiO₂/a-TiO₂的 XRD 图

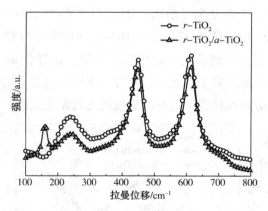

图 2-7　r-TiO₂和 r-TiO₂/a-TiO₂的拉曼光谱

2.3.2　氧空位掺杂锐钛矿/金红石 TiO₂同质结的光电性能研究

图 2-8 为 r-TiO₂和 r-TiO₂/a-TiO₂的紫外-可见光吸收光谱及对应的光学带隙。如图 2-8(a)所示，电极的吸光范围主要在紫外光区域。通过带隙分析得出各电极的禁带宽度，如图 2-8(b)所示。对于单一的 r-TiO₂，吸收边缘位于 409nm，禁带宽度约为 3.03eV。在复合 a-TiO₂后，吸收边缘出现轻微蓝移，这是由于 a-TiO₂具有较宽的带隙。引入氧空位后，由于掺杂带隙的作用，缩短了禁带宽度，改善了电极的吸光，使吸收边缘红移。同质结复合和氧空位掺杂对光的

吸收强度均有所增加。

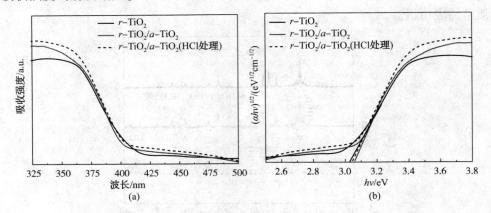

(a)

(b)

图 2-8　r-TiO$_2$ 和酸处理前后 r-TiO$_2$/a-TiO$_2$ 同质结的紫外-可见光
吸收谱和相应的禁带宽度

　　图 2-9 为 r-TiO$_2$ 和 r-TiO$_2$/a-TiO$_2$ 同质结的光致发光光谱图。通过捕获载流子复合产生的光子，光致发光光谱用以表征载流子在光阳极中的分离和转移过程。在单一的 r-TiO$_2$ 中，位于 424nm 和 469nm 处的尖峰分别来自载流子在跃迁过程中产生复合和氧空位捕获电子时释放的光子。在复合 a-TiO$_2$ 后，峰的强度明显减弱，说明有效地抑制了载流子的复合。氧空位的引入增大了导电性，进一步促进了载流子的分离和传输，表现出更低的光致发光强度。

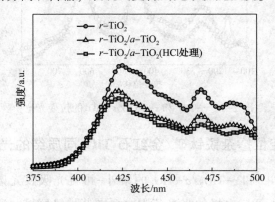

图 2-9　r-TiO$_2$ 和酸处理前后 r-TiO$_2$/a-TiO$_2$ 的光致发光光谱图

　　图 2-10 为 TiO$_2$ 及其同质结光阳极的光电性能曲线。我们采用三电极体系对样品进行了光电性能测试。图 2-10(a) 为光电极的线性扫描伏安曲线，由于在 r-TiO$_2$ 中，载流子具有较高的复合率，从而导致了较低的电流值 0.73mA · cm^{-2}

（1.23V vs RHE）。相比之下，$r\text{-}TiO_2/a\text{-}TiO_2$同质结的电流有了明显的提高，达到了$1.21mA \cdot cm^{-2}$（1.23V vs RHE），是$r\text{-}TiO_2$光电流的1.7倍。这说明同质结的复合能够有效地促进载流子的分离。结合SEM结果分析可知，$r\text{-}TiO_2/a\text{-}TiO_2$特殊的三维结构具有较大的表面积，能够提供较多的反应位点。经过酸处理之后，作为施主掺杂，$a\text{-}TiO_2$中丰富的氧空位的引入不仅可以提高电极内部电子的浓度，且能够增加电极导电性，提高光生电子的转移能力，从而抑制隧穿势垒，降低表面费米能级的钉扎效应，提高电荷的分离和转移效率，以获得更高的光电性能，电流达到了$1.35mA \cdot cm^{-2}$（1.23V vs RHE）。图2-10(b)定量地给出了外置偏压光电转换效率。在氧空位掺杂的$r\text{-}TiO_2/a\text{-}TiO_2$同质结中，其光电转换效率的最大值为0.31%，明显高于单一的$r\text{-}TiO_2$的和未经酸处理过的$r\text{-}TiO_2/a\text{-}TiO_2$同质结的光电转换效率，证明了同质结和氧空位均能够有效提高电荷的分离和转移效率。图2-10(c)为样品在1.23V vs RHE时的光响应性能，所有电极都表现出良好的光响应。在光照瞬间，氧空位掺杂$r\text{-}TiO_2/a\text{-}TiO_2$同质结表现出更稳定的电流响应，这是由于同质结的作用以及氧空位促进了载流子的分离和转移，从而抑制了载流子的复合，与线性扫描伏安曲线的结果一致。

结合上述讨论，可以看出，酸处理产生的氧空位对光电催化活性起着至关重要的作用。我们采用电子顺磁共振（EPR）测试研究了不同浓度酸处理下的氧空位含量，如图2-11所示。其中，位于$g=2.004$处的共振峰直接证明了氧空位的成功引入，且共振峰强度随着HCl浓度增加（0M、2M、4M和6M）而增强，表明光阳极中氧空位含量的增加。在锐钛矿二氧化钛的晶体结构中，两个[TiO_6]八面体通过共顶点链接，其中两个Ti-O键长稍大于其他四个键，并且有些O-Ti-O键角偏离90°，因此八面体的对称性较差。经酸化处理后，削弱了$a\text{-}TiO_2$中相互连接的[TiO_6]八面体链的键合，从而缩短了交错的八面体链，使其表面引入丰富的氧空位。

图2-12为$r\text{-}TiO_2$和酸处理前后$r\text{-}TiO_2/a\text{-}TiO_2$同质结的光电转换效率（IPCE）和电化学阻抗谱图。对于单一的$r\text{-}TiO_2$和$r\text{-}TiO_2/a\text{-}TiO_2$同质结而言，仅在紫外区域表现出光活性，这与图2-8(a)中的紫外可见吸收光谱结果保持一致。单一的$r\text{-}TiO_2$和处理前后$r\text{-}TiO_2/a\text{-}TiO_2$同质结的光电转换效率分别为15.6%、23.7%和29.2%，证明了同质结和氧空位的协同促进作用。利用电化学阻抗谱（EIS）分析光阳极中的电荷转移特征可知，相比于单一的$r\text{-}TiO_2$，$r\text{-}TiO_2/a\text{-}TiO_2$同质结在高频处显示出更小的半圆直径，表明$r\text{-}TiO_2/a\text{-}TiO_2$同质结具有更小的

电阻和更好的电荷传输动力学，这一现象可以归因于 $r\text{-}TiO_2/a\text{-}TiO_2$ 界面处合适的能带位置关系。$a\text{-}TiO_2$ 中的氧空位可以进一步抑制光生载流子的复合，提高了载流子的迁移率，表现出最小的半圆直径。此外，对于酸处理 $r\text{-}TiO_2/a\text{-}TiO_2$，低频处较大的直线斜率表示传质动力学得到了改善，表明具有适当浓度的氧空位可以有效地促进离子扩散和表面产氧动力学。

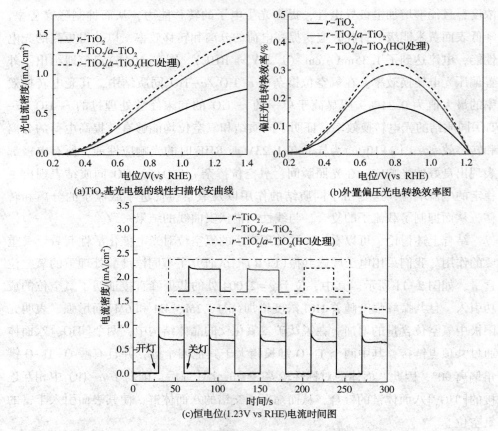

(a)TiO₂基光电极的线性扫描伏安曲线   (b)外置偏压光电转换效率图

(c)恒电位(1.23V vs RHE)电流时间图

图2-10   TiO₂ 及其同质结光阳极的光电性能曲线

图2-13 为 $r\text{-}TiO_2$ 和 $r\text{-}TiO_2/a\text{-}TiO_2$ 同质结的表面光电压图谱。在测试范围内，样品均显示正的光电压信号，表明光生空穴迁移到光阳极的表面。同质结的构筑和氧空位的引入能显著提高样品的表面光电压，一方面是由于晶格高度匹配的 $r\text{-}TiO_2/a\text{-}TiO_2$ 同质结中合适的能带位置可以抑制载流子复合中心的形成，提高电荷分离效率。另一方面，经酸处理后引入的氧空位能够增加载流子浓度并促进光生载流子的分离。

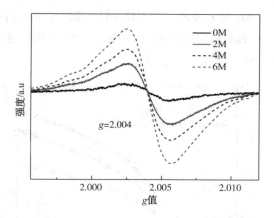

图 2-11　不同浓度 HCl 处理下的 a-TiO$_2$ 电子顺磁共振谱

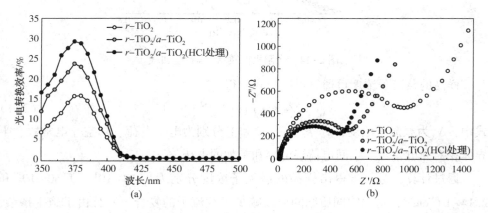

(a)　　　　　　　　　　　　(b)

图 2-12　r-TiO$_2$ 和酸处理前后 r-TiO$_2$/a-TiO$_2$ 同质结的光电转换效率和电化学阻抗谱图

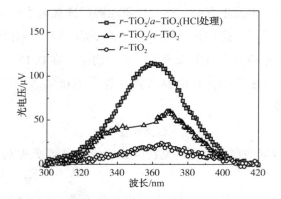

图 2-13　r-TiO$_2$ 和 HCl 处理前后 r-TiO$_2$/a-TiO$_2$ 的表面光电压图谱

图 2-14 为 $r\text{-}TiO_2$ 和 $r\text{-}TiO_2/a\text{-}TiO_2$ 同质结的莫特-肖特基曲线。Mott-Schottky 曲线表明，$r\text{-}TiO_2$ 和酸处理前后 $r\text{-}TiO_2/a\text{-}TiO_2$ 同质结电极均表现出正斜率，表明电极均为 n 型半导体。

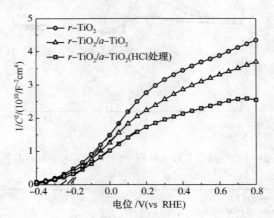

图 2-14 光阳极的莫特-肖特基曲线

样品的载流子浓度可通过以下公式获得：

$$N_A = (2/e\,\varepsilon_0\varepsilon)\ [\mathrm{d}(1/C^2)/\mathrm{d}V]^{-1} \qquad (2\text{-}1)$$

式中，N_A 为载流子浓度；e、ε_0、ε、C 和 V 分别为电子电荷、真空介电常数、半导体相对介电常数、空间电荷层电容和施加的电压。

通过计算，进一步得出样品的载流子浓度分别为 1.18×10^{19}、1.50×10^{19} 和 $2.14\times10^{19}\,cm^{-3}$，这表明同质结的形成减少了载流子的复合，并且由于施主掺杂，氧空位的引入增加了载流子的浓度。值得注意的是，在负载 $a\text{-}TiO_2$ 后平带电位出现了负移，表明能带发生弯曲，这一现象能够促进载流子的分离与传输。

为了直观地表明氧空位掺杂 $r\text{-}TiO_2/a\text{-}TiO_2$ 同质结对光阳极性能的促进作用，我们定量地分析了电荷分离性能和表面反应动力学。在 0.1M Na_2SO_4 电解液中加入 0.1M Na_2SO_3 作为牺牲剂，我们测试并计算了电极的表面和体相电荷分离效率。根据如下公式：

$$J_{H_2O} = J_{abs}\times\eta_{bulk}\times\eta_{surface} \qquad (2\text{-}2)$$

式中，J_{H_2O} 和 J_{abs} 分别为实验中光电流密度和假设光电转换效率为 100% 时的光电流密度。

当加入 0.1M Na_2SO_3 时，明显抑制了电极表面电荷的重组，表面分离效率被认为是 100%，可以推导出公式：

$$J_{H_2O_2} = J_{abs} \times \eta_{bulk} \quad\quad\quad (2-3)$$

则表面和体相电荷分离效率可由以下公式计算：

$$\eta_{bulk} = J_{H_2O_2} / J_{abs} \quad\quad\quad (2-4)$$

$$\eta_{surface} = J_{H_2O} / J_{H_2O_2} \quad\quad\quad (2-5)$$

图 2-15 为 r-TiO$_2$ 和酸处理前后 r-TiO$_2$/a-TiO$_2$ 的体相和表面电荷分离效率。由于电极固有的较高的光生电荷复合率，单一 r-TiO$_2$ 表现出相对较低的体相电荷分离效率（24%，1.23V vs RHE）。未经 HCl 处理的 r-TiO$_2$/a-TiO$_2$ 同质结的效率提高至 34%（1.23V vs RHE），表明同质结的合成能够促进电荷分离和转移。而氧空位对于体相电荷分离效率没有产生明显的影响。在表面电荷分离效率测定中，如图 2-15（b）所示，相比于单纯 r-TiO$_2$ 的 44%，未经酸处理过的 r-TiO$_2$/a-TiO$_2$ 同质结的效率增加至 51%，经过盐酸处理后提升至 57%，表明氧空位的形成提供了大量的反应位点，加速了表面产氧动力学。

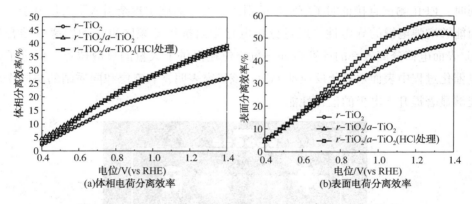

图 2-15　r-TiO$_2$ 和酸处理前后 r-TiO$_2$/a-TiO$_2$ 的电荷分离效率

图 2-16 为光电极的稳定性测试曲线。在 1.23V vs RHE 条件下对电极的光电流进行持续测试，得到了样品的稳定性测试结果。由图可知，r-TiO$_2$ 和酸处理前后 r-TiO$_2$/a-TiO$_2$ 光阳极的光电流曲线在测试时间内均表现出良好的稳定性，且电流值与前述伏安测试曲线测试结果一致。

基于以上实验和计算结果，我们分析了氧空位掺杂锐钛矿/金红石 TiO$_2$ 同质结在光电催化水分解中的作用机理，如图 2-17 所示。由 I-T 曲线和表面光电压测试结果得知，光照下，r-TiO$_2$ 和 a-TiO$_2$ 迅速产生光生载流子；由于不同晶相的 TiO$_2$ 具有合适的导价带位置，光生电子转移至 r-TiO$_2$ 的价带中，并传输至对电极

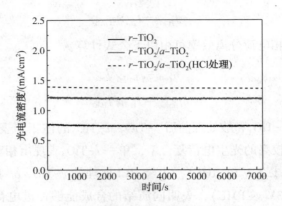

图 2-16　光电极的稳定性测试

发生产氢反应，同时光生空穴转移到电极表面发生水氧化反应。光致发光光谱表明同质结内部形成的电场能够促进光生电子空穴对的分离和传输。此外，因同质结之间的晶格匹配程度高，降低了内部缺陷的浓度，从而抑制了载流子的复合。同时，EPR 测试直接证明了氧空位的引入，其作为施主掺杂引入了大量电子，从而能够增强电极的导电性。通过分析电化学阻抗谱低频区直线的斜率并结合体相/表面电荷分离效率的计算得知，氧空位还提供了大量的反应位点，促进了光电催化过程中表面水氧化反应动力学。该研究表明，氧空位和同质结的协同作用能够显著提升光电极的催化性能。

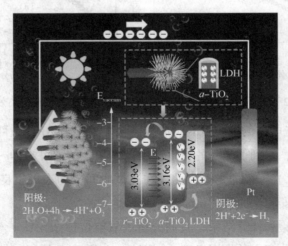

图 2-17　$r\text{-}TiO_2/a\text{-}TiO_2$ 光电阳极在光照下的
电荷分离和转移过程示意图

2.4 TiO₂异质结的构筑及光电性能研究

近年来，在 TiO₂ 表面负载窄禁带的半导体材料是促进电子和空穴分离的一种有效方法。Liu 等报道了一种二维窄禁带 ZnIn₂S₄ 纳米片与一维 TiO₂ 纳米棒构成的异质结构，其内部的梯度能级有效地提高了电荷分离效率，极大地提高了 TiO₂ 光电催化水分解的性能。选择合适的窄禁带半导体不仅要考虑其与 TiO₂ 的能级匹配问题，也要考虑其与 TiO₂ 构成的界面对能带弯曲和电荷传输的影响。目前，研究人员已经开发研究了多种异质结复合光电极，如 TiO₂/CdS、TiO₂/CdTe、TiO₂/BiVO₄ 等，这些异质结可分为 n-n 型和 p-n 型。其中，p 型半导体和 n 型半导体在接触时有较大的电子空穴浓度梯度，使得 p-n 型异质结界面处空间电荷区发生改变从而产生内电场，可以有效促进电子空穴对的分离，加速其转移至相应的电极发生氧化还原反应。因此，我们在水热法制备金红石相 TiO₂ 纳米棒阵列的基础上，通过电沉积法负载 p 型 Cu₂O 纳米颗粒从而得到了 TiO₂/Cu₂O 复合光电极。此外，我们进一步利用非贵金属助催化剂 Al 对异质结光电极进行修饰，分析了窄禁带半导体 Cu₂O 和 Al 的表面等离子体共振（SPR）效应对 TiO₂ 光吸收和光激发的影响规律及相关机制，并研究了 p-n 型异质结对光生载流子分离的调控作用。与贵金属 Au 和 Ag 相比，Al 不仅同样具有较强的等离子共振效应，可以在光激发下产生热电子，且成本低得多，成为增强光电极光电性能的优异材料之一。

2.4.1 非贵金属 Al 修饰 TiO₂/Cu₂O 异质结的形貌及结构表征

图 2-18 所示为 TiO₂/Cu₂O/Al/Al₂O₃ 复合光电极的制备过程及其 SEM 图片。首先通过水热法在 FTO（掺氟氧化锡）上生长了 TiO₂ 纳米棒（NRs）阵列，然后采用电沉积方法在 TiO₂ 基底上制备了 Cu₂O 纳米颗粒（NPs），从而形成了 TiO₂/Cu₂O 核/壳纳米结构，最后利用磁控溅射法沉积 20nm 的 Al，并在空气中形成超薄 Al₂O₃ 保护层。图 2-18(b) ~ (d) 分别为 TiO₂ NRs、TiO₂/Cu₂O 和 TiO₂/Cu₂O/Al/Al₂O₃ 复合光电极的正面和侧面扫描电镜照片。从图中可以清晰地观察到纯 TiO₂ 具有棒状形貌且垂直生长在 FTO 导电玻璃基底上。其纳米棒密度高、表面光滑，直径为 80 ~ 120nm，长度约 1.0 μm。通过电沉积法制备 Cu₂O 形成异质结后，Cu₂O 呈颗粒状覆盖在纳米棒表面形成了核壳结构。纳米棒不仅表面明显变得粗

糙，且直径增加了约 30nm。磁控溅射沉积 Al 薄膜进一步增加了纳米棒的直径，但表面粗糙程度没有明显变化。

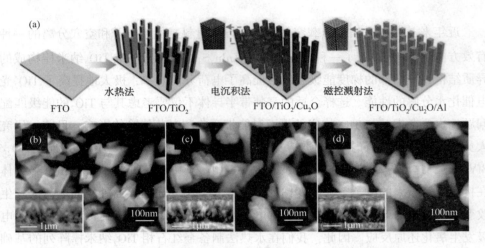

图 2-18　TiO$_2$/Cu$_2$O/Al/Al$_2$O$_3$ 复合光电极的制备过程及其 SEM 图片

（a）TiO$_2$/Cu$_2$O/Al/Al$_2$O$_3$ 复合光电极的制备工艺流程图；（b）TiO$_2$ NRs 复合光电极的

正面及侧面 SEM 图片；（c）TiO$_2$/Cu$_2$O 复合光电极的正面及侧面 SEM 图片；

（d）TiO$_2$/Cu$_2$O/Al/Al$_2$O$_3$ 复合光电极的正面及侧面 SEM 图片

图 2-19 为 TiO$_2$ 及其异质结复合光电极的 XRD 图谱。经物相分析得知，在 TiO$_2$ NRs 薄膜的 XRD 图谱中，除 FTO 导电玻璃的主要成分 SnO$_2$ 的衍射峰（标为"▲"）之外，其余特征衍射峰均与金红石相 TiO$_2$ 的衍射峰位置相吻合，即 2θ 为 36.0°、41.2°、54.2°、62.7°、69.0° 和 69.6° 处的衍射峰分别对应金红石相 TiO$_2$ 的（101）（111）（211）（002）（301）和（112）晶面。该金红石相 TiO$_2$ 为四方晶系，空间群为 P4$_2$/mnm，晶胞参数为 $a = 4.5928$ Å、$b = 2.9582$ Å。TiO$_2$ NRs 的衍射谱中没有杂质衍射峰的出现且（101）晶面对应的衍射峰尖锐，表示制备的 TiO$_2$ 纳米棒结晶度和取向性良好，纳米棒垂直于 FTO 基底沿（101）方向择优生长。在负载 Cu$_2$O NPs 之后，2θ 为 36.6° 和 42.6° 处对应的衍射峰与立方相的 Cu$_2$O（JCPDS 01-1142）的（111）和（200）晶面对应，表明 Cu$_2$O 已成功负载到 TiO$_2$ NRs 上形成了异质结构。磁控溅射沉积 Al 后，新出现的特征峰对应 Al（JCPDS 03-0932）的（111）晶面，同时，较弱的峰表明 Al 在电极中含量较低。

图 2-20 为 TiO$_2$/Cu$_2$O/Al/Al$_2$O$_3$ 复合光电极的 TEM（射透电镜）和 HRTEM（高分辨率的射透电镜）图像。从图中可以清晰地看到异质结为核/壳纳米结构。TiO$_2$

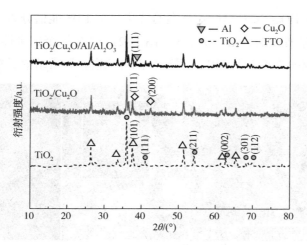

图 2-19　TiO₂ NRs、TiO₂/Cu₂O 和 TiO₂/Cu₂O/Al/Al₂O₃
复合光电极的 XRD 图谱

的直径约为 100nm，与上述 SEM 图片的结果一致。Cu_2O 纳米颗粒则均匀地将 TiO_2 纳米棒包裹起来，这种均匀的核壳结构增加了异质结的表面积，可以大大加快光生载流子的转移。插图为 TiO_2 NRs 的电子衍射花样，有序的斑点证明了所制备的样品为单晶的金红石相 TiO_2。图 2-20（b）（c）分别为图 2-20（a）中（b）（c）区域的 HRTEM 图像。由图 2-20（b）可以看到 TiO_2 纳米棒具有清晰、连续的晶格条纹，进一步表明了所制备样品的单晶性质。通过计算，得出图中不同区域的条纹间距分别为 0.248nm、0.246nm 和 0.231nm，分别对应 TiO_2 的（101）晶面、Cu_2O 的（111）晶面和 Al 的（111）晶面，该结果与 XRD 图谱的分析结果一致。图 2-20（c）显示出电极在空气中形成的无定型的超薄 Al_2O_3 薄膜，表明我们所制备的样品为 $TiO_2/Cu_2O/Al/Al_2O_3$ 复合材料。

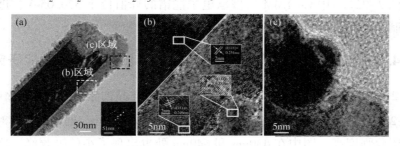

图 2-20　$TiO_2/Cu_2O/Al/Al_2O_3$ 复合光电极的 TEM 和 HRTEM 图像

（a）中的插图为 TiO_2 NRs 的电子衍射花样

图 2-21 为 $TiO_2/Cu_2O/Al/Al_2O_3$ 复合光电极的 EDS 能谱分析。EDS 能谱表明异质结同时含有 Ti、Cu、Al、O 元素。图 2-21(b)为一个纳米棒顶端区域的 Ti、Cu、Al、O 元素分布图。从图中可看出，四种元素在异质结中分布均匀。

图 2-21　$TiO_2/Cu_2O/Al/Al_2O_3$ 复合光电极的 EDS 能谱和 Ti、O、Cu、Al 元素的分布图

图 2-22 为 $TiO_2/Cu_2O/Al/Al_2O_3$ 复合光电极的 X 射线光电子能谱，用于进一步分析复合材料的元素组成和化合价态。作为一种表面分析方法，X 射线光电子能谱(XPS)一般只能检测距样品表面 3~5nm 深度的元素，因此我们只得到了清晰的 Cu、Al 和 O 元素的 XPS 能谱。图 2-22(a)~(c)分别为 O、Al、Cu 元素的高分辨扫描 XPS 谱。其中，图 2-22(a)为 O 1s 的高分辨扫描 XPS 谱，在 531.46eV 结合能的位置有较强的峰值，对应氧元素为晶格氧，证明了 O^{2-} 的存在。在图 2-22(b)中，Al 2p 的峰可分为两个峰，分别位于结合能 74.27eV 和 72.92eV 处，前者对应自然形成于空气中的 Al_2O_3 超薄层的 Al $2p_{3/2}$，后者属于金属 Al 单质。图 2-22(c)所示 Cu 2p 的 XPS 谱在 952.72eV 和 932.62eV 处有两个峰，分别与 Cu $2p_{3/2}$ 和 Cu $2p_{1/2}$ 的结合能相匹配，是一价 Cu 离子存在的重要证据。此外，图 2-22(d)中 Cu LMM 的俄歇电子能谱的峰值位于 570.05eV，进一步证实了所制备样品为 Cu_2O 而非 CuO 或金属 Cu 单质。

2.4.2　非贵金属 Al 修饰 TiO_2/Cu_2O 异质结的光电性能研究

图 2-23 为 TiO_2、Cu_2O 和 TiO_2/Cu_2O 异质结样品的紫外-可见光吸收光谱。如图 2-23(a)所示，金红石相 TiO_2 的吸收边出现在约 415nm 处，说明其对紫外光区域的吸收强度高。图中在 430nm 和 640nm 处也出现了小的吸收峰，这可能是由于 TiO_2 中的亚带隙所导致，两个吸收峰分别对应了 TiO_2 的陷阱空穴态和陷阱电子态。当与 Cu_2O 结合后，TiO_2/Cu_2O 的吸收边发生了明显的红移，可吸收波长

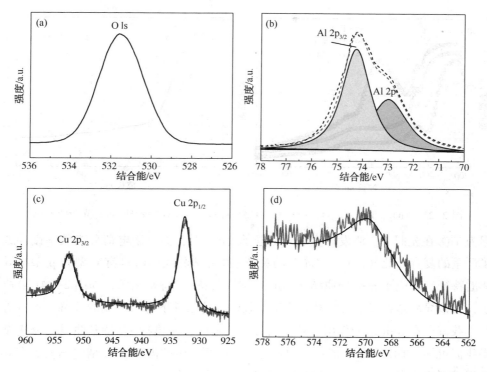

图 2-22　O 1s、Al 2p 和 Cu 2p 的 X 射线光电子能谱图及 Cu LMM 的俄歇电子能谱

小于 500nm 的光, 这说明了 Cu_2O 壳层改善了 TiO_2 NRs 对可见光的吸收能力。导致这一变化的主要原因是, Cu_2O 作为一种窄禁带半导体, 本身对可见光的吸收能力较强。图 2-23(b) 所示为单纯 Cu_2O NPs 的紫外-可见光吸收谱。从图中可以得知, Cu_2O 的吸收边位于 600nm 左右, 对紫外光和可见光都有着相对较强的吸收能力。因此, 经过 Cu_2O NPs 修饰后的 TiO_2 NRs 对可见光的吸收能力有所增强, 这有利于复合材料产生更多的光生载流子并应用于光电催化分解水反应。同时, 负载 Al 后, 在 550nm 处出现明显的吸收特征峰, 表明成功激发了 Al 较强的表面等离子体共振(SPR)效应。

我们利用莫特-肖特基曲线对样品的电学性能进行了表征, 其结果如图 2-24 所示。从图中可知, 无论是否有光的照射, TiO_2 的莫特-肖特基曲线斜率都为正, 表现出 n 型半导体特征。相反, Cu_2O 的莫特-肖特基曲线则显示负斜率, 如图 2-24(c) 所示, 表明 Cu_2O 是空穴导电为主的 p 型半导体。与暗环境中测量的曲线相比, 单纯 TiO_2 NRs 在光照条件下的曲线斜率更小, 说明在光的照射下, TiO_2 中的载流子浓度增加, 如图 2-24(a) 所示, 但是增加的幅度有限。这主要是

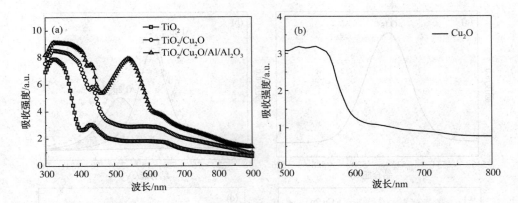

图 2-23 TiO$_2$、TiO$_2$/Cu$_2$O、TiO$_2$/Cu$_2$O/Al/Al$_2$O$_3$ 和 Cu$_2$O 的紫外–可见光吸收光谱

因为 TiO$_2$ 在光照下受激发产生了光生电子–空穴对，但由于电荷分离效率慢导致了严重的复合。此外，TiO$_2$/Cu$_2$O 的莫特–肖特基曲线同时具有 n 型和 p 型半导体的特征，对应于 p-n 异质结典型的"V 形"莫特–肖特基图像，如图 2-24（b）所示，且该异质结在光照下的载流子浓度较暗环境条件下有了明显的改善，意味着光生载流子在 p-n 结的作用下被有效分离。因此，从莫特–肖特基曲线的分析结果我们可知，TiO$_2$/Cu$_2$O 核壳结构复合光电极所产生的内建 p-n 结电场能够有效地促进了光生电子–空穴对的分离并抑制载流子的复合。

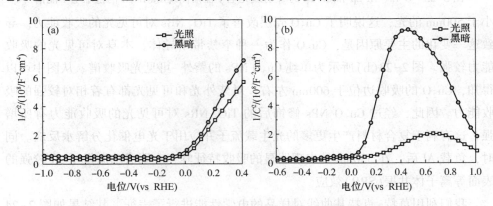

图 2-24 TiO$_2$ 和 TiO$_2$/Cu$_2$O 在有无光照条件下的莫特–肖特基曲线

由上述莫特–肖特基曲线得知，TiO$_2$ 和 TiO$_2$/Cu$_2$O 复合电极都显示 n 型半导体特性，因此在光电性能测试中用作光阳极。我们采用三电极体系在 0.1M Na$_2$SO$_4$ 溶液的电解液中测试了 TiO$_2$ 及其复合电极的光电催化性能，其结果如图 2-25 所示。在黑暗条件下，TiO$_2$ NRs、TiO$_2$/Cu$_2$O 和 TiO$_2$/Cu$_2$O/Al/Al$_2$O$_3$ 复合光电极

的电流密度都接近零。而在光的照射下，TiO$_2$ NRs 的光电流密度达到了 0.76mA·cm^{-2}（1.23V vs RHE），表明了 TiO$_2$ 的光响应特性。在沉积 Cu$_2$O NPs 之后，TiO$_2$/Cu$_2$O 的光电流密度增加至 2.46mA·cm^{-2}，是单纯 TiO$_2$ 的 3.24 倍。结合上述紫外-可见光图谱和莫特-肖特基的表征结果为：该增强的光电流密度主要是由于 Cu$_2$O 壳层改善了 TiO$_2$ 对可见光的吸收，拓宽了光吸收范围，因此更多的光子被吸收使电极内部载流子浓度增加。同时，p-n 异质结构筑的内建电场加快了载流子的分离和转移。在沉积 Al 薄膜后，电流进一步增长到 4.52mA·cm^{-2}（1.23V vs RHE），是 TiO$_2$/Cu$_2$O 异质结光电流的 1.84 倍，这主要是因为光照激发 Al 纳米颗粒产生热电子，同时能够引起电场的增强。p-n 异质结与 Al 的 SPR 效应的协同作用有效地增加了载流子浓度，促进了电子空穴的分离，从而提高了光电流密度。图 2-25(b) 为样品的外置偏压光电转换效率（ABPE），通过如下公式计算获得：

$$\eta(\%) = J(1.23-V)/P \times 100 \qquad (2-6)$$

式中，J、V 和 P 分别为在光的照射下获得的光电流密度、施加的外置偏压和入射光强度（100 mW/cm^2，AM 1.5 G）。

由图可知，TiO$_2$/Cu$_2$O/Al/Al$_2$O$_3$ 光电阳极的光电转换效率最大值达到了 0.96%，是单纯 TiO$_2$（0.22%）的 4.36 倍。

图 2-25(c) 为样品在 1.23V vs RHE 下所测得的电流密度-时间曲线，该曲线是研究半导体电极/电解液界面光生载流子转移行为的有效途径。在暗环境中，所有光阳极都没有明显的电流。当光照的瞬间，光阳极迅速产生了光电流，表明了光电极均具有较好的光响应特性。然而，我们发现 TiO$_2$、TiO$_2$/Cu$_2$O 和 TiO$_2$/Cu$_2$O/Al/Al$_2$O$_3$ 光阳极都出现了不同程度的尖峰。这主要是因为在光照的瞬间，电极/电解液界面积聚的空穴和瞬间产生的光生载流子带来了明显的光电流，且由于光生载流子的快速复合引起了光电流的迅速下降，从而形成了尖峰。当光生载流子的分离和重组达到动态平衡时，电流趋于稳定。TiO$_2$/Cu$_2$O/Al/Al$_2$O$_3$ 光阳极的光电流密度在光照条件下相对更稳定，表明 TiO$_2$ NRs 和 Cu$_2$O NPs 形成的 p-n 异质结和 Al 的 SPR 效应非常有利于抑制光生载流子的复合。

图 2-25(d) 为样品的光电转化效率（IPCE）曲线，用于表明入射光与光电化学活性之间的关系，其计算公式为：

$$IPCE = 1240 \times J/(\lambda \times I_{light}) \qquad (2-7)$$

式中，J、I_{light} 和 λ 分别为测得的光电流值（mA/cm^2）、单色光的强度（mW/cm^2）

和入射光波长(nm)。

如图2-25(d)所示,单纯的 TiO₂ NRs 由于其宽带隙和窄的光吸收范围,光电流主要由紫外光激发引起,因此光电转换效率在紫外光区域明显增加。当沉积了 Cu₂O NPs 之后,我们发现光电转换效率在 500nm 开始增长,不仅出现在紫外光区且扩展到了可见光区域,与之前紫外-可见光吸收光谱中的吸收边保持一致。同时,TiO₂/Cu₂O 异质结的 IPCE 最大值为 23.19%,比单纯 TiO₂ NRs(15.10%)的最大光电转换效率值高 1.54 倍,表现出了更高的光电转换效率。这表明窄带隙半导体 Cu₂O 的存在不仅将 TiO₂ 的光活性扩展到可见光区域,且异质结提高了载流子的分离和转移效率,从而提高了 TiO₂ 的光电转化效率。此外,在沉积 Al之后,在紫外和可见光区域中电极的光活性进一步提高。如图2-25(d)中插图所示,出现在 500nm 和 600nm 之间的特征峰与紫外-可见光谱(见图2-23)中 Al 的SPR 特征峰一致。TiO₂/Cu₂O/Al/Al₂O₃ 的光电转换效率最大值为 33.79%,分别是单纯 TiO₂ NRs 和 TiO₂/Cu₂O 异质结的 2.23 倍和 1.46 倍,这表明 Al 的引入进一步促进了光电转换效率。

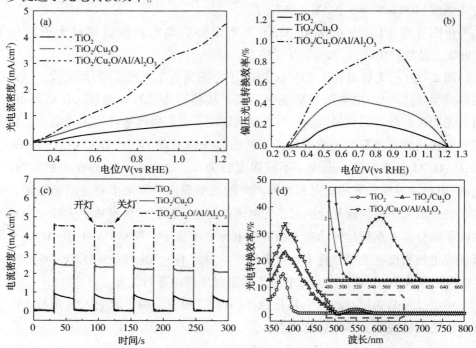

图2-25 TiO₂基光阳极的电流电压曲线、外置偏压光电转换效率、
恒电位电流时间曲线和光电转换效率

为了进一步证明 p-n 异质结以及 SPR 效应对载流子传输的影响，我们研究了样品的电化学阻抗谱（EIS）。图 2-26（a）插图为阻抗谱对应的等效电路图，其中 R_s 是串联电阻，R_{ct} 和 CPE 分别代表电荷转移电阻和载流子在 FTO/光电阳极界面、光电阳极/电解液界面转移的空间电荷区的电容，W 代表 Warburg 阻抗，CPE_{Pt} 和 R_{Pt} 是对电极的电容和电阻。根据等效电路图的拟合结果，我们得到了 TiO_2、TiO_2/Cu_2O 和 $TiO_2/Cu_2O/Al/Al_2O_3$ 的 R_{ct} 值分别为 2042 Ω、667 Ω 和 353 Ω。较小的 R_{ct} 值代表了更快的电荷迁移速率，因此该结果进一步表明了 $TiO_2/Cu_2O/Al/Al_2O_3$ 复合材料具有较快的载流子迁移速率，证实了 TiO_2 NRs 和 Cu_2O NPs 形成的 p-n 异质结以及 Al 的 SPR 效应可以减少光生载流子的复合，加速光生电子-空穴的分离。同时，图 2-26（b）中的伯德图显示：$TiO_2/Cu_2O/Al/Al_2O_3$ 光阳极的峰值对应的频率相对最低，说明其具有较长的电子寿命，也证明了 p-n 异质结的存在以及 Al 的 SPR 效应对 TiO_2 光电性能具有改善作用。

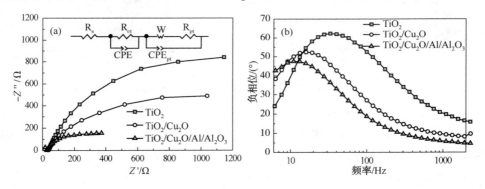

图 2-26　TiO_2 基光阳极的电化学阻抗谱图和伯德图

（a）顶端的插图为阻抗谱对应的等效电路图

图 2-27 为 TiO_2 基复合光电极的表面光电压图，用于表明光阳极中光生载流子的产生、分离和传输特性。图右侧为表面光电压测试的装置示意图，测试时光源从样品表面的方向入射，放大器接在 FTO 基底上以得到 TiO_2 基复合光电极与 FTO 基底界面处的光电压信号。从图中可知，TiO_2 基复合光电极的表面光电压均为负信号值，表明光生电子转移到了光电极/FTO 界面处，而光生空穴则迁移至样品表面，进一步表明了其 n 型半导体特性。此外，我们发现单纯 TiO_2 NRs 的光响应区域位于 300~410nm，而沉积 Cu_2O NPs 后，响应区域变为 300~500nm，该结果与紫外-可见光吸收光谱一致，说明窄带隙的 Cu_2O 拓宽了 TiO_2 的光响应范围。同时，由于表面光电压信号的强度与空间分离的电荷浓度成正比，我们发现

TiO_2/Cu_2O 的表面光电压信号值比单一 TiO_2 高 2.9 倍，这代表了复合材料具有较高的电荷浓度，也说明了 p-n 异质结产生的内建电场极大地促进了内部载流子的分离。在 $TiO_2/Cu_2O/Al/Al_2O_3$ 中，表面光电压信号值进一步增大，表明 Al 的 SPR 效应对电子注入和电场强度的促进作用。

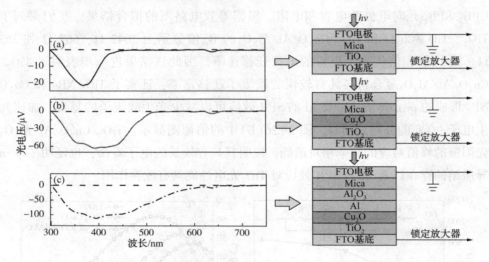

图 2-27　TiO_2 NRs、TiO_2/Cu_2O 和 $TiO_2/Cu_2O/Al/Al_2O_3$ 光阳极的
表面光电压图(右侧为对应的测试装置图)

图 2-28 为 TiO_2 基复合光电极的电化学稳定性测试图。通过在 1.23V vs RHE 条件下持续测试电极的光电流发现，TiO_2/Cu_2O 复合光阳极的光电流曲线在 100 分钟内降低了 53%。这种现象很可能是由于在电极/电解液界面处 Cu_2O 自身易发生氧化/还原反应，降低了异质结的光电催化活性；在负载 Al 薄膜后，电极的稳定性显着提高，表明 Al 层不仅可以形成 Al_2O_3 超薄层以防止自身的进一步氧化，而且可以阻止 Cu_2O 与电解质接触导致的稳定性下降。

基于上述实验数据分析，我们提出了 $TiO_2/Cu_2O/Al/Al_2O_3$ 异质结复合光阳极在光照下的载流子转移机理和能级结构示意图，如图 2-29 所示。由于窄带隙半导体 Cu_2O 的复合拓宽了 TiO_2/Cu_2O 异质结的光吸收范围，从紫外光区域扩大到了可见光区，提高了材料的光吸收效率。在 p-n 异质结梯度能级构筑的内建电场驱动下，光生电子从 Cu_2O 的导带转移至到 TiO_2 的导带中，从而通过 FTO 基底传输至对电极进行水还原反应。相反，光生空穴则从 TiO_2 的价带迁移至 Cu_2O 的价带，从而到达异质结与电解液表面进行水氧化反应。同时，由于光照能够激发 Al 的 SPR 效应，从而产生大量的热电子，并进一步增强电场强度，实现载流子数

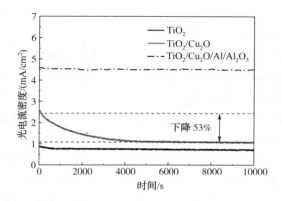

图 2-28 TiO₂ NRs、TiO₂/Cu₂O 和 TiO₂/Cu₂O/Al/Al₂O₃
光阳极在 1.23V vs RHE 条件下的稳定性测试

量和传输效率的增加，从而提高了异质结的光电催化性能。此外，通过对电极稳定性的测试发现，负载 Al 薄膜能大大增强电极的稳定性，这是由于 Al 和自发氧化形成的 Al_2O_3 层阻止了内部 Cu_2O 颗粒与电解液的直接接触，减少了光电极的腐蚀，从而提高了 TiO_2/Cu_2O 异质结的光电催化性能。

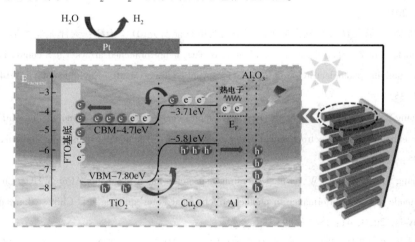

图 2-29 TiO₂/Cu₂O 光电阳极的载流子转移机理图

参 考 文 献

[1] Fujishima A, Honda K. Electrochemical photolysis of water at a semiconductor electrode[J]. Nature, 1972, 238: 37-38.

[2] Kumar A, Madaria A R, Zhou C. Growth of aligned single-crystalline rutile TiO₂ nanowires on ar-

bitrary substrates and their application in dye-sensitized solar cells[J]. The Journal of Physical Chemistry C, 2010, 114: 7787-7792.

[3] Feng X, Shankar K, Varghese O K, et al. Vertically aligned single crystal TiO₂ nanowire arrays grown directly on transparent conducting oxide coated glass: synthesis details and applications[J]. Nano Letters, 2008, 8: 3781-3786.

[4] Xia X, Tu J, Zhang Y, et al. High-quality metal oxide core/shell nanowire arrays on conductive substrates for electrochemical energy storage[J]. ACS Nano, 2012, 6: 5531-5538.

[5] Wang H, Bai Y S, Wu Q, et al. Rutile TiO₂ nano-branched arrays on FTO for dye-sensitized solar cells[J]. The Journal of Chemical Physics, 2011, 13: 7008-7013.

[6] Xu F, Dai M, Lu Y, et al. Hierarchical ZnO nanowire-nanosheet architectures for high power conversion efficiency in dye-sensitized solar cells[J]. The Journal of Physical Chemistry C, 2010, 114: 2776-2782.

[7] Liu B, Aydil E S. Growth of oriented single-crystalline rutile TiO₂ nanorods on transparent conducting substrates for dye-sensitized solar cells[J]. Journal of the American Chemical Society, 2009, 131: 3985-3990.

[8] 郭克迎. TiO₂/硫化物复合结构的构筑及其光电化学性能研究[D]. 天津：天津城建大学, 2015.

[9] 张劭策. 二氧化钛及其复合电极的制备与光电性能研究[D]. 天津：天津城建大学, 2020.

[10] Guo K, Liu Z, Zhou C, et al. Fabrication of TiO₂ nano-branched arrays/Cu₂S composite structure and its photoelectric performance[J]. Applied Catalysis B: Environmental, 2014, 154: 27-35.

[11] Zhang S, Liu Z, Chen D, et al. Oxygen vacancies engineering in TiO₂ homojunction/ZnFe-LDH for enhanced photoelectrochemical water oxidation[J]. Chemical Engineering Journal, 2020, 395: 125101.

[12] Zhang S, Liu Z, Yan W, et al. Decorating non-noble metal plasmonic Al on a TiO₂/Cu₂O photoanode to boost performance in photoelectrochemical water splitting[J]. Chinese Journal of Catalysis, 2020, 41: 1884-1893.

[13] Sun Z, Kim J H, Zhao Y, et al. Rational design of 3D dendritic TiO₂ nanostructures with favorable architectures[J]. Journal of the American Chemical Society, 2011, 133: 19314-19317.

[14] Cao F, Xiong J, Wu F, et al. Enhanced photoelectrochemical performance from rationally designed anatase/rutile TiO₂ heterostructures[J]. ACS Applied Materials & Interfaces, 2016, 8: 12239-12245.

[15] Chen D, Liu Z, Guo Z, et al. 3D Branched Ca-Fe₂O₃/Fe₂O₃ decorated with Pt and Co-Pi: Improved charge-separation dynamics and photoelectrochemical performance[J]. ChemSusChem,

2019, 12: 3286-3295.

[16] Zhang R, Ning F, Xu S, et al. Oxygen vacancy engineering of WO_3 toward largely enhanced photoelectrochemical water splitting[J]. Electrochimica Acta, 2018, 274: 217-223.

[17] Li H, Xu W, Qu Y, et al. Enhanced photoelectrochemical performance of In_2O_3 nanocubes with oxygen vacancies via hydrogenation [J]. Inorganic Chemistry Communications, 2019, 102: 70-74.

[18] Lei Y, Zhang L D, Meng G W, et al. Preparation and photoluminescence of highly ordered TiO_2 nanowire arrays[J]. Applied Physics Letters, 2001, 78: 1125-1127.

[19] Wang S, Chen P, Yun J H, et al. An electrochemically treated $BiVO_4$ photoanode for efficient photoelectrochemical water splitting[J]. Angewandte Chemie International Edition, 2017, 56: 8500-8504.

[20] Wang Y, Feng C, Zhang M, et al. Enhanced visible light photocatalytic activity of N-doped TiO_2 in relation to single-electron-trapped oxygen vacancy and doped-nitrogen[J]. Applied Catalysis B: Environmental, 2010, 100: 84-90.

[21] Zhou Y D, Zhao Z Y. Interfacial structure and properties of TiO_2 phase junction studied by DFT calculations[J]. Applied Surface Science, 2019, 485: 8-21.

[22] Petkov V, Holzhüter G, Tröge U, et al. Atomic-scale structure of amorphous TiO_2 by electron, X-ray diffraction and reverse Monte Carlo simulations[J]. Journal of Non-Crystalline Solids, 1998, 231: 17-30.

[23] Xu Y, Ge F, Chen Z, et al. One-step synthesis of Fe-doped surface-alkalinized $g-C_3N_4$ and their improved visible-light photocatalytic performance[J]. Applied Surface Science, 2019, 469: 739-746.

[24] Ning F, Shao M, Xu S, et al. TiO_2/graphene/NiFe-layered double hydroxide nanorod array photoanodes for efficient photoelectrochemical water splitting[J]. Energy & Environmental Science, 2016, 9: 2633-2643.

[25] Li J, Meng F, Suri S, et al. Photoelectrochemical performance enhanced by a nickel oxide-hematite p-n junction photoanode[J]. Chemical Communications, 2012, 48: 8213-8215.

[26] Luo Z, Wang T, Zhang J, et al. Dendritic hematite nanoarray photoanode modified with a conformal titanium dioxide interlayer for effective charge collection[J]. Angewandte Chemie International Edition, 2017, 56: 12878-12882.

[27] Liu Q, Lu H, Shi Z, et al. 2D $ZnIn_2S_4$ nanosheet/1D TiO_2 nanorod heterostructure arrays for improved photoelectrochemical water splitting[J]. ACS Applied Materials & Interfaces, 2014, 6: 17200-17207.

[28] Ai G, Li H, Liu S, et al. Solar water splitting by TiO_2/CdS/Co-Pi nanowire array photoanode

enhanced with Co−Pi as hole transfer relay and CdS as light absorber[J]. Advanced Functional Materials, 2015, 25: 5706−5713.

[29] Seabold J A, Shankar K, Wilke R H T, et al. Photoelectrochemical properties of heterojunction CdTe/TiO$_2$ electrodes constructed using highly ordered TiO$_2$ nanotube arrays[J]. Chemistry of Materials, 2008, 20: 5266−5273.

[30] Liu P P, Liu X, Huo X H, et al. TiO$_2$−BiVO$_4$ heterostructure to enhance photoelectrochemical efficiency for sensitive aptasensing [J]. ACS Applied Materials & Interfaces, 2017, 9: 27185−27192.

[31] Paracchino A, Laporte V, Sivula K, et al. Highly active oxide photocathode for photoelectro-chemical water reduction[J]. Nature Materials, 2011, 10: 456−461.

[32] Wang M, Sun L, Lin Z, et al. p−n Heterojunction photoelectrodes composed of Cu$_2$O−loaded TiO$_2$ nanotube arrays with enhanced photoelectrochemical and photoelectrocatalytic activities[J]. Energy & Environmental Science, 2013, 6: 1211−1220.

[33] Pan L, Wang S, Xie J, et al. Constructing TiO$_2$ p−n homojunction for photoelectrochemical and photocatalytic hydrogen generation[J]. Nano Energy, 2016, 28: 296−303.

[34] Yuan W, Yuan J, Xie J, et al. Polymer−mediated self−assembly of TiO$_2$@Cu$_2$O core−shell nanowire array for highly efficient photoelectrochemical water oxidation [J]. ACS Applied Materials & Interfaces, 2016, 8: 6082−6092.

[35] He K, Xie J, Liu Z Q, et al. Multi−functional Ni$_3$C cocatalyst/g−C$_3$N$_4$ nanoheterojunctions for robust photocatalytic H$_2$ evolution under visible light[J]. Journal of Materials Chemistry A, 2018, 6: 13110−13122.

[36] Qu R, Zhang W, Liu N, et al. Antioil Ag$_3$PO$_4$ nanoparticle/polydopamine/Al$_2$O$_3$ sandwich structure for complex wastewater treatment: dynamic catalysis under natural light[J]. ACS Sustainable Chemistry & Engineering, 2018, 6: 8019−8028.

[37] Jiang T, Xie T, Chen L, et al. Carrier concentration−dependent electron transfer in Cu$_2$O/ZnO nanorod arrays and their photocatalytic performance[J]. Nanoscale, 2013, 5: 2938−2944.

第3章 氧化锌基光电极构筑
及光电催化性能研究

3.1 引言

在 TiO_2 作为光电催化系统中光电极材料被广泛研究之后，氧化锌(ZnO)由于相似的能带结构和较高的载流子转移效率，被认为是一种 TiO_2 的理想替代材料。ZnO 是一种宽禁带 II-VI 族半导体材料，具有压电和光电特性，其结构为六方纤锌矿晶体结构。常温下禁带宽度约为 3.37eV，是典型的直接带隙宽禁带半导体，密度为 $5.67g/cm^3$。通过不同的制备方法可获得具有不同微观形貌的 ZnO 纳米材料，如纳米管、纳米线、纳米树等结构。在这些结构中，一维纳米结构(如纳米管、纳米线)可以提供无晶界阻碍的电子通道，且具有高比表面积和高电子传输效率等优点。因此，一维 ZnO 纳米管阵列非常适合作为光电催化(PEC)系统的光电极。

然而，由于禁带宽度较宽，ZnO 光电极只能吸收占太阳光能量4%左右的紫外光，制约了 ZnO 在光电催化分解水方面的应用。采用离子掺杂或者窄禁带半导体敏化的方法对 ZnO 进行改性，可以将 ZnO 的吸光领域拓宽至可见光区域。此外，为了改善 ZnO 的载流子迁移效率，研究人员从 ZnO 的结构出发，在发现纤锌矿 ZnO 具有较强的压电效应后，通过机械能转化为电能，在 ZnO 的内部构建一个内建电场，可有效促使被激发的载流子分离。

本章重点介绍 ZnO 纳米管(纳米线)阵列的制备、窄禁带半导体复合改性、压电场协同增强，及光电催化分解水的性能与相关机理。

3.2 ZnO 基纳米管阵列的制备及光电催化性能

3.2.1 ZnO 纳米阵列及其异质结光电极的生长机制研究

ZnO 纳米异质结的制备过程包括三步：首先在 ITO 导电玻璃基底上制备 ZnO

种子层，然后在生长溶液中种子层生长为一层高度有序的 ZnO 纳米棒阵列；将带有 ZnO 纳米阵列薄膜的 ITO 玻璃放入硫代乙酰胺（TAA）溶液中发生硫化反应制得 ZnO/ZnS 纳米结构，最后将带有 ZnO/ZnS 纳米结构的 ITO 玻璃分别放入包含三氯化铟的溶液中发生金属阳离子的交换获得 ZnO/ZnS/ZnIn$_2$S$_4$核/壳纳米阵列；同理，采用类似的方法将 ZnO/ZnS 纳米结构置于其中金属离子盐溶液中反应一定时间可获得 ZnO/ZnS/Ag$_2$S、ZnO/ZnS/CuS、ZnO/ZnS/Cu$_2$S、ZnO/ZnS/CdS、ZnO/ZnS/Bi$_2$S$_3$等核/壳纳米结构。

ZnO/ZnS/ZnIn$_2$S$_4$ 纳米管的制备过程如图 3-1 所示，首先通过水热法在 ITO 玻璃基底上生长垂直于基底的 ZnO 纳米棒；然后将带有 ZnO 纳米棒的 ITO 玻璃放入 0.1M 的 TAA 溶液中，TAA 水解的过程中释放出 H$_2$S[式（3-1）]，H$_2$S 的水解会产生 H$^+$和 S^{2-}[式（3-2）]。基于离子交换的化学转化法是基于产物与反应物溶度积之间巨大的差异来反应，当反应物与产物之间的溶度积常数相差较大时（产物的溶度积常数值远小于反应物的溶度积常数值时，经常会差数个量级），反应会自发进行。由于 ZnO 的溶度积常数 K_{sp}（6.8×10^{-17}）与 ZnS 的 K_{sp}（2.93×10^{-25}）之间的巨大差异而导致 ZnO 纳米棒与溶液中的 S^{2-}发生反应而形成 ZnO/ZnS 纳米结构[式（3-3）]。随着硫化反应的进行，ZnS 的产量开始增加并覆盖 ZnO 纳米棒的表面形成 ZnO/ZnS 纳米结构。由于 TAA 的水解过程中会产生 H$^+$，从而导致溶液为酸性，经 pH 计测定反应溶液在反应过程中 pH 值维持在 5 左右。作为一种两性氧化物，ZnO 在酸性溶液中会与 H$^+$发生反应生成可溶性盐[式（3-4）]。

$$CH_3CSNH_2 + H_2O \longrightarrow CH_3CONH_2 + H_2S \qquad (3-1)$$

$$H_2S \longrightarrow 2H^+ + S^{2-} \qquad (3-2)$$

$$ZnO + S^{2-} + H_2O \longrightarrow ZnS + 2OH^- \qquad (3-3)$$

$$ZnO + 2H^+ \longrightarrow Zn^{2+} + H_2O \qquad (3-4)$$

在 ZnO 与 H$^+$的反应过程中，ZnO 的（002）面作为高表面能的极性面，比较不稳定，而平行于 c 轴的非极性面（侧面）表面能低，比较稳定，因此 ZnO 在酸性溶液中的反应是有选择性的，从上表面发生反应的速度远高于侧面反应的速度。随着时间的推移，纳米管开始形成且深度也逐步增加，图 3-2（a）~（c）分别为 1h、5h 和 7h 反应时间的 ZnO/ZnS 纳米管的透射电镜图。从图中可以看出，在反应 1h 时，仅仅在纳米管的顶端形成一小部分空心结构，而当反应进行到 7h 时，

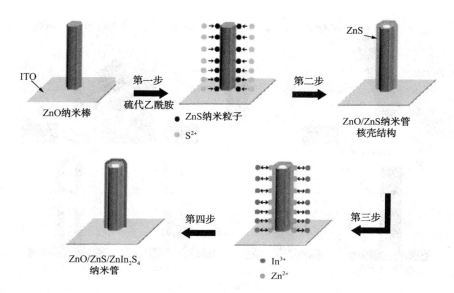

图 3-1　ZnO/ZnS/ZnIn$_2$S$_4$纳米管的制备过程示意图

纳米管的内径及深度都出现了显著增加，可以非常清晰地看到 ZnO/ZnS 的纳米管结构。因此，随着时间的推移，ZnO/ZnS 纳米结构随着反应的进行从纳米棒逐渐被腐蚀成纳米管，并且有大量的 ZnS 纳米颗粒堆集在管口而导致形成 ZnO/ZnS 闭合纳米管。基于 ZnO 纳米棒在 TAA 溶液里反应不同时间得到的样品的透射电镜图，我们可知直接通过化学腐蚀高活性面而形成纳米管的反应机理，如图 3-2（d）所示。在酸性溶液的化学腐蚀过程中，ZnO 纳米棒可以被腐蚀为 ZnO 纳米管，因此可以利用高活性面反应较快的特点而得到具有特定形貌和结构的产物。

当带有 ZnO/ZnS 纳米结构的 ITO 玻璃放入三氯化铟的三乙二醇溶液中时，由于 ZnS 与 ZnIn$_2$S$_4$的溶度积之间存在巨大的差异，ZnIn$_2$S$_4$ 的溶度积 K_{sp} 远低于 ZnS 的 K_{sp}，ZnS 外壳在三氯化铟的溶液中会发生新的金属阳离子置换反应，将一部分 ZnS 外壳转变为 ZnIn$_2$S$_4$外壳，从而形成 ZnO/ZnS/ZnIn$_2$S$_4$核/壳纳米管，其化学反应式如式（3-5）所示。

$$4ZnS+2InCl_3 \longrightarrow ZnIn_2S_4+3ZnCl_2 \tag{3-5}$$

$$\Delta G = G_{产物} - G_{反应物} \tag{3-6}$$

$$\Delta G = -RT\ln K^{\theta} \tag{3-7}$$

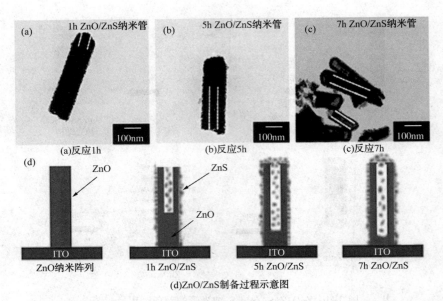

图 3-2　TAA 溶液中不同反应时间的 ZnO/ZnS 的 TEM 图，
以及 ZnO/ZnS 制备过程示意图

通过计算式(3-5)的吉布斯自由能变化(ΔG)对 ZnIn$_2$S$_4$ 的反应过程进行热力学分析，可得吉布斯自由能变化 $\Delta G = -111.55$ kJ·mol^{-1}，反应的热力学平衡常数 K^θ 为 1.044。根据吉布斯自由能判据，在等温等压无其他功条件下，化学反应会自发朝着吉布斯自由能降低的方向进行，直至系统平衡，即 $\Delta G < 0$、K^θ 大于 1时，在等温等压无体积功的情况下，反应是自发进行的。因此从热力学上来分析，式(3-5)是可以自发进行的。

3.2.2　ZnO/ZnS/ZnIn$_2$S$_4$ 的微观形貌与结构

图 3-3 所示为 ZnO/ZnS/ZnIn$_2$S$_4$ 样品的扫描电镜和透射电镜图片。从图中可以清楚地看到高密度的 ZnO/ZnS/ZnIn$_2$S$_4$ 纳米阵列垂直排列在 ITO 衬底上，ZnO/ZnS/ZnIn$_2$S$_4$ 为六方柱状结构，纳米棒的直径从 120nm 到 140nm 不等。扫描电镜图像分析表明，大量的纳米颗粒聚集在纳米管顶部，导致 ZnO/ZnS 纳米管被覆盖。图 3-3(b)为制备的 ZnO/ZnS/ZnIn$_2$S$_4$ 核/壳纳米管的 TEM 图，透射电镜图像显示样品为三层纳米管，其中 ZnO 为空心，ZnIn$_2$S$_4$ 为外壳，ZnS 作为芯与壳之间的缓冲层；纳米阵列表面光滑，大量的 ZnIn$_2$S$_4$ 量子点均匀地分布在其表面上，且纳米管的直径与 SEM 观察结果一致。

图 3-3(c)所示为 ZnO/ZnS/ZnIn$_2$S$_4$ 纳米管阵列的元素分布图像。结果表明，所制备的纳米管阵列分布均匀，可以清晰地观察到 Zn、O、S、In 等元素，为异质结样品的组成提供了可靠的证据。

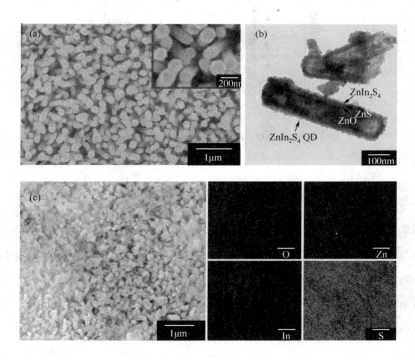

图 3-3 ZnO/ZnS/ZnIn$_2$S$_4$ 纳米管的 SEM 图片(a)和 TEM 图片(b)，
ZnO/ZnS/ZnIn$_2$S$_4$ 纳米管阵列的元素分布图像(c)

图 3-4 所示为 ZnO、ZnO/ZnS、ZnO/ZnS/ZnIn$_2$S$_4$ 薄膜的 XRD 图谱。其中 ZnO 薄膜的衍射谱对应 ZnO 的标准 XRD 图谱(JCPDS，No. 36-1451)，且 ZnO 纳米阵列主要为(002)择优取向。曲线(b)中出现了新的衍射峰，与 ZnS(JCPDS，No. 12-0688)标准谱一致，表明 ZnO 纳米阵列已经转换为 ZnO/ZnS 核/壳纳米阵列。图 3-4(c)中新的衍射峰表明在 ZnO/ZnS 基础上生成了六方相 ZnIn$_2$S$_4$(JCPDS，No. 49-1562)。因此，在目前条件下，可以很容易地制备出 ZnO/ZnS/ZnIn$_2$S$_4$ 纳米管阵列。

以上实验结果充分表明：ZnO/ZnS/ZnIn$_2$S$_4$ 纳米结构通过基于离子交换的化学转化法可以成功制备，在 ZnO/ZnS/ZnIn$_2$S$_4$ 纳米管中，ZnO 是空心内核，ZnIn$_2$S$_4$ 是壳层而 ZnS 均匀地分布在三层管状结构的中部。

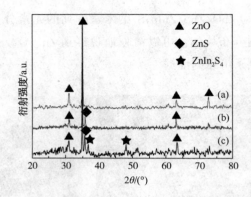

图 3-4   ZnO、ZnO/ZnS 和 ZnO/ZnS/ZnIn$_2$S$_4$

纳米阵列的 X 射线衍射图谱

3.2.3   ZnO/ZnS/ZnIn$_2$S$_4$的光电性能研究

图 3-5 所示为 ZnO、ZnO/ZnS 和 ZnO/ZnS/ZnIn$_2$S$_4$纳米阵列的紫外-可见吸收光谱。与 ZnO 纳米阵列相比，ZnO/ZnS/ZnIn$_2$S$_4$纳米管呈现明显的红移，且 ZnO/ZnS/ZnIn$_2$S$_4$纳米管可见光吸收效率最高。通过计算样品的光学带隙，如图 3-5附图所示，得到 ZnO、ZnO/ZnS 和 ZnO/ZnS/ZnIn$_2$S$_4$纳米管阵列的近似带隙值分别约为 3.0eV、2.20eV 和 1.76eV，表明 ZnO/ZnS/ZnIn$_2$S$_4$纳米管更适合于可见光吸收。ZnIn$_2$S$_4$由于其合适的带隙结构和较高的光学吸收率，能够实现对太阳光谱中可见光的有效利用。这种 ZnIn$_2$S$_4$敏化 ZnO 纳米管阵列的光电极是一种极具潜力的分解水产氢的半导体材料。

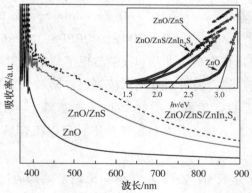

图 3-5   ZnO、ZnO/ZnS 和 ZnO/ZnS/ZnIn$_2$S$_4$

纳米阵列的紫外-可见吸收光谱

图 3-6 所示为 ZnO、ZnO/ZnS 和 ZnO/ZnS/ZnIn$_2$S$_4$ 纳米管阵列的光电催化性能表征，测试过程中采用 1mol/L 的硫化钠溶液为电解液，样品为三电极系统的工作电极。ZnO、ZnO/ZnS 和 ZnO/ZnS/ZnIn$_2$S$_4$ 纳米管阵列的光电流密度分别为 0.41mA·cm^{-2}（0.212V）、2.21mA·cm^{-2}（0.338V）和 7.44mA·cm^{-2}（0.04V），如图 3-6（a）所示。ZnO NR、ZnO/ZnS NT 和 ZnO/ZnS/ZnIn$_2$S$_4$ 纳米管阵列的理论产氢效率分别为 0.42%、1.97% 和 8.86%。与 ZnO NR 和 ZnO/ZnS NT 相比，ZnO/ZnS/ZnIn$_2$S$_4$ 样品的产氢效率显著提高，表明 ZnO/ZnS/ZnIn$_2$S$_4$ 纳米管阵列是一种有效的分解水产氢光电极。此外，我们使用 ZnO/ZnS/ZnIn$_2$S$_4$ 纳米管阵列作为典型的光电极研究了其在光电催化过程中的电化学稳定性，如图 3-6（c）所示。在光照下循环伏安扫描 1 周和 20 周后测量样品的线性扫描伏安曲线，发现在 0.15V 电压下，样品的光电流密度分别为 7.70mA·cm^{-2} 和 7.56mA·cm^{-2}，具有较好的光电化学稳定性。因此，与 ZnO NR 和 ZnO/ZnS NT 相比，ZnO/ZnS/ZnIn$_2$S$_4$ 阵列光电催化电极的光电流密度显著增强，且具有良好的稳定性，这表明其具有更好的抗光腐蚀能力。

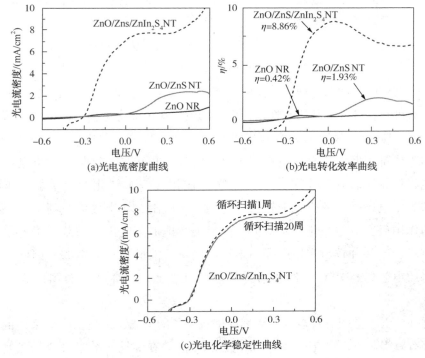

图 3-6　ZnO、ZnO/ZnS 和 ZnO/ZnS/ZnIn$_2$S$_4$ 纳米管阵列的光电催化性能

综上所述，以 ZnO 纳米棒为模板，采用简单有效的化学方法在 ITO 衬底上制备了取向良好的 ZnIn₂S₄ 敏化的一维 ZnO 纳米阵列。ZnO/ZnS/ZnIn₂S₄ 光电极的光电转换效率高达 8.86%，光电催化性能明显优于纯 ZnO 光电极，这是由于 ZnIn₂S₄ 敏化的一维 ZnO 纳米阵列具有更强的光吸收能力和光生载流子分离能力，展示了 ZnO 基光电极在光电催化分解水方面的极大潜力。

3.3 压电效应与双助催化剂协同增强 ZnO 的光电催化性能

氢能作为一种可再生的绿色能源，能够有效地解决环境污染和能源危机问题，光电化学（PEC）分解水是一种以半导体光电极为基础将太阳能转化为氢能的技术。但目前的半导体光电极材料大多存在可见光响应范围窄、载流子分离和利用效率低及高成本、使用寿命短等问题，因此，寻找并研究能够提高光电极光电性能的策略及方法是目前人们的研究重点。ZnO 是一种传统的光电催化半导体材料，具有较好的电导传输效率和透光性等优点，然而光生载流子的分离效率低、自腐蚀等问题以及表面动力学发生的比较缓慢等问题严重制约了其发展和应用。因此，如何提高 ZnO 电极的电荷分离效率，加速其动力学过程，是一个值得深入研究的问题。值得注意的是，除了光电化学性能外，包括 ZnO 在内的一些半导体还具有压电效应，可以实现机械能向电能转换，这是一种很有前途的提高能源利用效率的机制。Ling 等利用磁性搅拌引发的流体压电效应来提高光催化降解污染物的性能。Hong 等报道了 ZnO 压电纤维的弯曲可以产生足够的应变感应电势。所有的工作都表明，压电效应有利于电荷的分离和转移，这是一种机电耦合效应，能将机械能转化为电能，再利用光电催化分解水转化为化学能。压电效应，即为将电极受到的机械能转为电能的一种机制，在半导体受到来自外界机械力的作用后，发生极化产生电荷，能够极大地提高电极内部载流子的浓度并增强电场，是一种较为实用的提高半导体催化性能的方法和策略。因此，我们提出将压电效应与 PEC 电池相结合的合理机制，来提高 ZnO 材料的光电催化性能。

此外，引入空间分离双助催化剂促进载流子的分离，是目前人们采用的另一种能够有效提高光电极光电性能的方法。Wang 等在赤铁矿纳米薄片的两侧分别沉积了作为空穴转移层的 FeOOH 以及作为电子收集层和传输层的 Pt 助催化剂，有效地改善了光生载流子的空间分离，提高了 PEC 水分解性能。因此，将压电效应与空间分离双助催化剂结合以协同增强 ZnO 光电催化分解水性能，提高 ZnO 载流子浓度和载流子的分离效率从而加速其分解水反应动力学，具有很高的研究价值。其中，压电效应不仅能够产生压生电荷，且由于应变产生的电荷势能够增强电场从而促进载流子分离。空间分离双助催化剂为 ZnO 底部沉积的 Pt 层与表面沉积的 Co-Pi 层，Pt 层作为电子收集层，可以促进压生和光生电子转移至对电极产生氢气。Co-Pi 是一种产氧助催化剂，可加速压生和光生空穴传递，两种相反方向的驱动力能够极大地促进电子空穴对分离。该机理可有效提高光电极的光电催化性能，是提高太阳能利用效率的一种极具前景和潜力的策略。

3.3.1 Pt/ZnO/Co-Pi 的制备与结构表征

1. 在 FTO 上沉积铂层

首先，将 FTO 玻璃基板浸泡在丙酮溶液并放在超声波清洗器中，使用超声波清洗器清洗 15min，然后使用异丙醇和乙醇依次清洗，之后烘干备用。将 FTO 基片浸泡在 0.5 mM 的氯铂酸电解液中沉积 Pt 层，控制电位偏压为 0.35V（vs Ag/AgCl），沉积时间控制为 90s，并且沉积过程要在无光照条件下进行。

2. ZnO 纳米棒的制备

ZnO 纳米棒通过水热法制备：首先将乙酸锌和乙二醇甲醚在烧杯中混合，放在磁力搅拌机中进行搅拌，然后在 30min 内逐滴加入单乙醇胺，这个过程需要控制反应的温度为 50℃。在滴加完单乙醇胺之后，在 50℃ 的条件下搅拌 1.5h，控制总搅拌时间为 2h。搅拌好的溶液作为 ZnO 的种子层保存陈化一段时间。

将 FTO/Pt 玻璃烘干之后，通过拉膜机缓慢下降直至完全浸入溶胶后保持 20 秒，再缓慢从溶胶中提拉出，将带有一薄层溶胶的 FTO/Pt 玻璃置入烘箱中 100℃ 烘干 15min，重复浸渍-提拉过程后再置入烘箱中 100℃ 烘干 60min。然后，对带有溶胶薄膜的 FTO/Pt 玻璃进行热处理，首先以每分钟 2℃ 的升温速率将马弗炉升温至 200℃，保持 30min，再以每分钟 2℃ 升温至 400℃，保持 60min，冷却后获得 ZnO 种子层。

以等物质的量（0.05M）的硝酸锌与六次甲基四胺溶于适量的蒸馏水中，搅拌至澄清制得 ZnO 的生长溶液。将带有种子层的 FTO/Pt 玻璃导电面向下放入配制好的生长溶液中，密封条件下在 90℃ 保持 7h，将制得的样品以蒸馏水清洗，烘干后获得 ZnO 纳米棒阵列。

3. Co-Pi 助催化剂沉积

采用光电沉积法制备 Co-Pi 析氧反应（OER）助催化剂层，该助催化剂层在 Pt/ZnO/Co-Pi 结构的最上层。将合成的 FTO/Pt/ZnO 浸泡在以 0.1M 磷酸钾为缓冲电解液（pH＝7）和 0.5mM 硝酸钴为原料的电解液中在 0.4 V（vs Ag/AgCl）偏置电位下，电化学沉积 5min 得到 Pt/ZnO/Co-Pi 光电极。

图 3-7 所示为 Pt/ZnO/Co-Pi 光电极的 SEM 图片和 XRD 衍射谱图。垂直生长的 ZnO 纳米棒具有光滑的表面，直径约为 0.4μm，长度约 3.5μm，如图 3-7（a）所示。当沉积助催化剂 Co-Pi 之后，ZnO 纳米棒的形貌没有明显的变化，如图 3-7（b）所示。根据图 3-7（c）所示，Pt/ZnO/Co-Pi 复合薄膜的平均厚度约为 3.5μm。样品的 XRD 衍射谱表明 ZnO 为标准的六方相结构（JCPDS 79-2205）。同时，$2\theta=39.8°$ 处的衍射峰 Pt（111）晶面，表明复合薄膜中存在少量的 Pt。

图 3-7 Pt/ZnO/Co-Pi 光电极的 SEM 图片和 XRD 衍射谱图

（a）Pt/ZnO 薄膜的 SEM 图片；（b）Pt/ZnO/Co-Pi 薄膜的 SEM 图片；

（c）Pt/ZnO/Co-Pi 复合薄膜的 SEM 侧视图；（d）Pt/ZnO/Co-Pi 光阳极的 XRD 衍射谱

图 3-8 所示为 Pt/ZnO/Co-Pi 复合薄膜的 TEM 和 HRTEM 图片。如图所示，
ZnO 为结晶良好的纳米棒结构，在 ZnO 纳米棒的两端分布有明显的不同结构的纳
米颗粒。从 HRTEM 图片分析可知，晶格间距 0.227nm 和 0.260nm 分别对应 Pt
纳米颗粒的（111）晶面和 ZnO 纳米棒的（002）晶面。此外，在纳米棒的顶端可以
清晰地看到非晶态 Co-Pi 纳米颗粒，直径约 10nm，如图 3-8（c）所示。

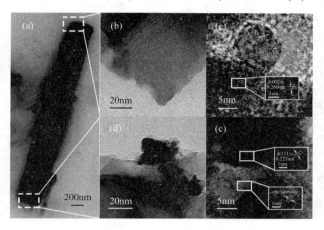

图 3-8　Pt/ZnO/Co-Pi 复合材料的 TEM 和 HRTEM 图片

3.3.2　Pt/ZnO/Co-Pi 光电极的催化特性与压电增强效应

ZnO 具有明显的压电效应，其产生的电场能够促进载流子的分离和传输，对
材料的光电催化性能具有积极的作用。我们通过超声振动的模式在 ZnO 基光电极
中引入压电效应，从而实现了压电效应与双助催化剂协同作用，显著增强了 Pt/
ZnO/Co-Pi 光电极的光电催化性能。

图 3-9 所示为 ZnO 基光电极的光电催化性能测试结果。该系列测试采用三
电极系统在 0.1M Na_2SO_4 和 0.1M 磷酸钾的混合溶液中进行。如图 3-9（a）所示，
纯 ZnO 薄膜在 1.23V（vs RHE）电压下，光电流密度为 $0.27mA/cm^2$，表明光生载
流子的分离效率较低。引入超声振动（90 kHz）使 ZnO 产生压电效应后，光电流
密度增加至 $0.45mA/cm^2$，是纯 ZnO 薄膜的 1.7 倍。进一步地，在引入压电效应
的同时，采用空间分离双助催化剂对 ZnO 薄膜进行改性，其光电流密度达到了
$0.80mA/cm^2$，是单纯 ZnO 材料的 3 倍，偏压下光电转换效率（ABPE）增长到
0.21%，如图 3-9（b）所示。图 3-9（c）所示为暗环境下施加不同频率超声振动的
ZnO 光电极的线性扫描伏安曲线，不同的超声频率使 ZnO 产生不同程度的形变。

由于 ZnO 晶体不具有反转对称性,当纳米棒发生形变时,晶格内产生非零偶极矩,产生应变感应电荷势。随着纳米棒变形的增加,应变感应电荷势越大,电场强度越大,应变感应电荷越多,在黑暗中电流密度值越大。这一测试证明了 ZnO 纳米棒阵列中压电效应的成功触发。图 3-9(d)所示为 ZnO 基光电极的恒电位电流时间曲线,表明压电效应与双助催化剂修饰对 ZnO 光电极的催化性能具有显著的增强效应,且具有快速的光电响应。

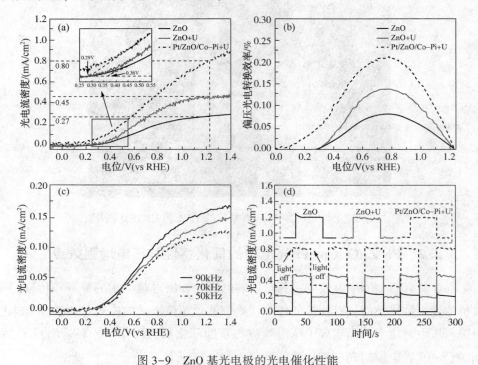

图 3-9　ZnO 基光电极的光电催化性能

(a)线性扫描伏安曲线;(b)偏压下的光电转换效率(ABPE);(c)施加不同频率
超声振动的 ZnO 光电极在暗环境下的线性扫描伏安曲线;(d)ZnO、ZnO+U(超声
振动)、Pt/ZnO/Co-Pi+U 的恒电位电流时间曲线

为了进一步表征压电效应的作用,我们做了样品的开路电压、莫特-肖特基曲线等一系列光电催化测试。如图 3-10 所示。开路电压测试表明,压电效应引起的应变感应电荷势增强电场后,能显著促进载流子的分离并抑制载流子的复合,从而明显地延长了载流子的寿命。莫特-肖特基曲线进一步表明,超声振动引起的纳米棒变形产生应变感应电荷势,增加了载流子浓度,降低了载流子复合率。

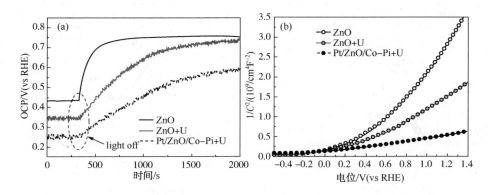

图3-10 开路电位(OCP)曲线(a)和1000Hz下光阳极的莫特−肖特基曲线(b)

在上述测试中，Pt和Co−Pi助催化剂的空间分离加速了载流子的分离和转移，莫特−肖特基曲线中平带电位的负移是由于Co−Pi产氧助催化剂能够降低表面析氧动力学的反应势垒，从而加快表面的析氧动力学。此外，在图3−9(d)中，样品的光电流密度−时间曲线除了表明样品具有良好的光响应特性外，插图中尖峰尖锐程度的明显减小证实了压电效应和空间分离双助催化剂均显著抑制了光生、压生电子空穴对的复合。以上测试均表明，在该Pt/ZnO/Co−Pi光电阳极中，压电效应与空间分离双助催化剂的结合能够协同增强ZnO光电催化分解水性能，提高电极内部载流子浓度和载流子的分离效率。

图3−11所示为ZnO基光电极的电化学阻抗谱和伯德相图，进一步研究了水氧化和还原过程中的载流子分离和转移。施加超声振动后，Pt/ZnO/Co−Pi光阳极对应最小的半圆，表明其载流子分离和转移速率最快，这得益于压电效应引起的电场增强和空间分离双助催化剂对光生和压生电子空穴对的有效分离和表面反应势垒的降低。如图3−11(b)所示，超声振动和空间分离双助催化剂的存在能有效地延长载流子寿命，证明其降低了载流子的复合率，提高了水分解中氧化还原反应效率。

基于以上实验结果，我们提出了Pt/ZnO/Co−Pi光阳极内载流子分离和转移的示意图，说明引入压电效应和空间分离双助催化剂在提高光阳极载流子浓度和增强载流子分离和转移方面的作用，如图3−12所示。当太阳光照射在样品表面时，ZnO纳米棒半导体被激发产生光生电子空穴对，光生电子从价带跃迁至导带，光生空穴留在价带。在引入超声振动后，ZnO纳米棒的弯曲变形发生极化从而产生压生电荷，应变诱发的电势能够增强电场，增强的电场能显著地促进载流

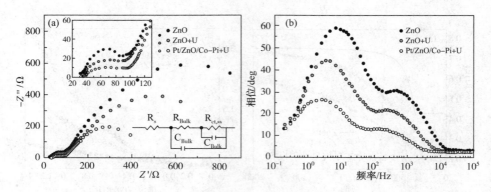

图 3-11　样品的电化学阻抗谱(EIS)及其等效电路(SEC)

图(a)与样品的波德相图(b)

子的分离,抑制电子空穴对的复合。与此同时,由于电子收集层 Pt 的存在,压生和光生电子能快速被 Pt 层捕获并通过外部电路转移至对电极发生还原反应。表面的 Co-Pi 产氧助催化剂能够降低表面析氧动力学的反应势垒,加速空穴转移和表面的析氧动力学。因此,空间分离双助催化剂的沉积进一步促进了载流子的分离,抑制了电子空穴对的复合,提高了 ZnO 的光电性能。综上所述,压电效应和空间分离双助催化剂的结合不仅能够提高光电极内部载流子的浓度,且能够极大地促进载流子的分离和转移,二者协同作用有效提高了 ZnO 基光电催化性能。

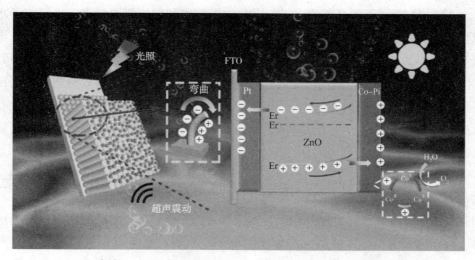

图 3-12　Pt/ZnO/Co-Pi 光阳极在超声作用下的电荷产生和传输机理示意图

参 考 文 献

［1］ Dahl S, Chorkendorff I. Solar-fuel generation: towards practical implementation［J］. Nature Materials, 2012, 11: 100-101.

［2］ Yang Y, Mielczarek K, Aryal M, et al. Nanoimprinted polymer solar cell［J］. ACS Nano, 2012, 6: 2877-2892.

［3］ Bang J H, Kamat P V. CdSe quantum dot-fullerene hybrid nanocomposite for solar energy conversion: electron transfer and photoelectrochemistry［J］. ACS Nano, 2011, 5: 9421-9427.

［4］ Fujishima A, Honda K. Electrochemical photolysis of water at a semiconductor electrode［J］. Nature, 1972, 238: 37-38.

［5］ Zhang Z, Zhang L, Hedhili M N, et al. Plasmonic gold nanocrystals coupled with photonic crystal seamlessly on TiO_2 nanotube photoelectrodes for efficient visible light photoelectrochemical water splitting［J］. Nano Letters, 2013, 13: 14-20.

［6］ Li Y, Liu Z, Wang Y, et al. $ZnO/CuInS_2$ core/shell heterojunction nanoarray for photoelectrochemical water splitting［J］. International Journal of Hydrogen Energy, 2012, 37: 15029-15037.

［7］ Jiang Z, Tang Y, Tay Q, et al. Understanding the role of nanostructures for efficient hydrogen generation on immobilized photocatalysts［J］. Advanced Energy Materials, 2013, 3: 1368-1380.

［8］ Liu Z, Wang Y, Wang B, et al. PEC electrode of ZnO nanorods sensitized by CdS with different size and its photoelectric properties［J］. International Journal of Hydrogen Energy, 2013, 38: 10226-10234.

［9］ Liu Z, Liu C, Ya J, et al. Controlled synthesis of ZnO and TiO_2 nanotubes by chemical method and their application in dye-sensitized solar cells［J］. Renewable Energy, 2011, 36: 1177-1181.

［10］ Dick K A, Deppert K, Larsson M W, et al. Synthesis of branched nanotrees by controlled seeding of multiple branching events［J］. Nature Materials, 2004, 3: 380-384.

［11］ Yang P, Wang K, Liang Z, et al. Enhanced wettability performance of ultrathin ZnO nanotubes by coupling morphology and size effects［J］. Nanoscale, 2012, 4: 5755-5760.

［12］ Li Y, Xie C, Peng S, et al. Eosin Y-sensitized nitrogen-doped TiO_2 for efficient visible light photocatalytic hydrogen evolution［J］. Journal of Molecular Catalysis A: Chemical, 2008, 282: 117-123.

［13］ Shen S, Zhao L, Guo L. Crystallite, optical and photocatalytic properties of visible-light-driven $ZnIn_2S_4$ photocatalysts synthesized via a surfactant-assisted hydrothermal method［J］. Materials Research Bulletin, 2009, 44: 100-105.

［14］ Rengaraj S, Jee S H, Venkataraj S, et al. CdS microspheres composed of nanocrystals and their photocatalytic activity［J］. Journal of Nanoscience and Nanotechnology, 2011, 11: 2090-2099.

［15］ Liu S, Wang Z, Liu H, et al. Hydrothermal synthesis and optical property of ZnS/CdS composites[J]. Journal of Materials Research, 2013, 28: 2970.

[16] 韩建华. ZnO/硫化物核/壳纳米阵列及其光伏性能研究[D]. 天津：天津城建大学, 2015.

[17] 张劭策. 二氧化钛及其复合电极的制备与光电性能研究[D]. 天津：天津城建大学, 2020.

[18] Han J, Liu Z, Guo K, et al. High-efficiency photoelectrochemical electrodes based on $ZnIn_2S_4$ sensitized ZnO nanotube arrays[J]. Applied Catalysis B: Environmental, 2015, 163: 179-188.

[19] Zhang S, Liu Z, Ruan M, et al. Enhanced piezoelectric-effect-assisted photoelectrochemical performance in ZnO modified with dual cocatalysts[J]. Applied Catalysis B: Environmental, 2020, 262: 118279.

[20] She G W, Zhang X H, Shi W S, et al. Controlled synthesis of oriented single-crystal ZnO nanotube arrays on transparent conductive substrates [J]. Applied Physics Letters, 2008, 92: 053111.

[21] 刘俊吉, 周亚平, 李松林. 物理化学（上册）[M]. 北京：高等教育出版社, 2010, 196-200.

[22] Ouyang T, Ye Y Q, Wu C Y, et al. Heterostructures composed of N-doped carbon nanotubes encapsulating cobalt and $\beta-Mo_2C$ nanoparticles as bifunctional electrodes for water splitting[J]. Angewandte Chemie International Edition, 2019, 58: 4923-4928.

[23] Lu X, Xie J, Chen X, et al. Engineering MPx（M = Fe, Co or Ni）interface electrontransfer channels for boosting photocatalytic H_2 evolution over $g-C_3N_4/MoS_2$ layered heterojunctions[J]. Applied Catalysis B: Environmental, 2019, 252: 250-259.

[24] Wu X F, Sun Y, Li H, et al. In-situ synthesis of novel pn heterojunction of $Ag_2CrO_4-Bi_2Sn_2O_7$ hybrids for visible-light-driven photocatalysis[J]. Journal of Alloys and Compounds, 2018, 740: 1197-1203.

[25] Chen D, Liu Z, Guo Z, et al. Enhancing light harvesting and charge separation of Cu_2O photocathodes with spatially separated noble-metal cocatalysts towards highly efficient water splitting [J]. Journal of Materials Chemistry A, 2018, 6: 20393-20401.

[26] Li Y, Liu Z, Zhang J, et al. 1D/0D WO_3/CdS heterojunction photoanodes modified with dual co-catalysts for efficient photoelectrochemical water splitting[J]. Journal of Alloys and Compounds, 2019, 790: 493-501.

[27] Zhang C, Shao M, Ning F, et al. Au nanoparticles sensitized ZnO nanorod@ nanoplatelet core-shell arrays for enhanced photoelectrochemical water splitting[J]. Nano Energy, 2015, 12: 231-239.

[28] Ma C, Liu Z, Cai Q, et al. ZnO photoelectrode simultaneously modified with Cu_2O and Co-Pi based on broader light absorption and efficiently hotogenerated carrier separation[J]. Inorganic Chemistry Frontiers, 2018, 5: 2571-2578

[29] Feng Y, Li H, Ling L, et al. Enhanced photocatalytic degradation performance by fluid-induced

piezoelectric field[J]. Environmental Science & Technology, 2018, 52: 7842-7848.

[30] Zhang H, Tian W, Li Y, et al. A comparative study of metal(Ni, Co, or Mn)-borate catalysts and their photodeposition on rGO/ZnO nanoarrays for photoelectrochemical water splitting[J]. Journal of Materials Chemistry A, 2018, 6: 24149-24156.

[31] Zhong D K, Cornuz M, Sivula K, et al. Photo-assisted electrodeposition of cobalt-phosphate (Co-Pi) catalyst on hematite photoanodes for solar water oxidation[J]. Energy & Environmental Science, 2011, 4: 1759-1764

[32] Wang M, Sun L, Lin Z, et al. P-n heterojunction photoelectrodes composed of Cu_2O-loaded TiO_2 nanotube arrays with enhanced photoelectrochemical and photoelectrocatalytic activities[J]. Energy & Environmental Science, 2013, 6: 1211-1220.

[33] Liu Z, Song Q, Zhou M, et al. Synergistic enhancement of charge management and surface reaction kinetics by spatially separated cocatalysts and p-n heterojunctions in $Pt/CuWO_4/Co_3O_4$ photoanode[J]. Chemical Engineering Journal, 2019, 374: 554-563.

[34] Tamirat A G, Su W N, Dubale A A, et al. Photoelectrochemical water splitting at low applied potential using a NiOOH coated codoped (Sn, Zr) α-Fe_2O_3 photoanode[J]. Journal of Materials Chemistry A, 2015, 3: 5949-5961.

[35] Klahr B, Gimenez S, Fabregat-Santiago F, et al. Photoelectrochemical and impedance spectroscopic investigation of water oxidation with "Co-Pi"-coated hematite electrodes[J]. Journal of the American Chemical Society, 2012, 134: 16693-16700.

[36] Hu Y, Li D, Zheng Y, et al. $BiVO_4/TiO_2$ nanocrystalline heterostructure: a wide spectrum responsive photocatalyst towards the highly efficient decomposition of gaseous benzene[J]. Applied Catalysis B: Environmental, 2011, 104: 30-36.

[37] Lan Y, Liu Z, Guo Z, et al. A $ZnO/ZnFe_2O_4$ uniform core-shell heterojunction with a tubular structure modified by NiOOH for efficient photoelectrochemical water splitting[J]. Dalton Transactions, 2018, 47: 12181-12187.

[38] Li P, Jin Z, Xiao D. A one-step synthesis of Co-P-B/rGO at room temperature with synergistically enhanced electrocatalytic activity in neutral solution[J]. Journal of Materials Chemistry A, 2014, 2: 18420-18427.

[39] Zhang H, Zong R, Zhu Y. Photocorrosion inhibition and photoactivity enhancement for zinc oxide via hybridization with monolayer polyaniline[J]. The Journal of Physical Chemistry C, 2009, 113: 4605-4611.

[40] Zhang H, Cheng C. Three-dimensional $FTO/TiO_2/BiVO_4$ composite inverse opals photoanode with excellent photoelectrochemical performance[J]. ACS Energy Letters, 2017, 2: 813-821.

第4章 氧化钨基光电极构筑及光电催化性能研究

4.1 引言

三氧化钨（WO_3）是 n 型 $5d^0$ 的过渡金属氧化物，为间接带隙半导体，禁带宽度为 2.6~3.0eV。受到 ABO_3 型钙钛矿结构中 A 位阳离子缺位的影响，WO_3 呈现为畸变的立方形 ReO_3 结构，W 原子包含在由 6 个 O 原子构成的正八面体中，而 WO_3 晶体则由相邻的 $[WO_6]$ 正八面体通过共用顶角氧原子联结形成。若以浅色代表 W 原子，深色代表 O 原子，可构建 WO_3 的晶体结构模型，如图 4-1 所示。

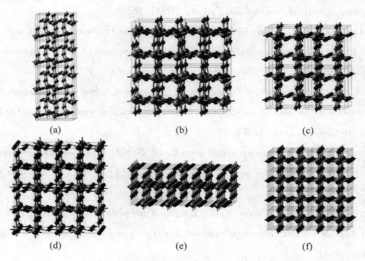

图 4-1　不同晶型 WO_3 的晶体结构模型图

当 WO_3 的处理温度由低逐渐升高时，其晶体结构将发生相应变化：处理温度为 -140~-50℃时，ε-WO_3 形成，为低温（LT）单斜晶系结构[图 4-1(a)]；温度升高至$-50\sim17℃$，ε-WO_3转变为三斜晶系δ-WO_3[图4-1（b）]；当温度达到$17\sim330℃$，室温（RT）单斜晶系γ-WO_3生成[图4-1（c）]；温度继续升高，γ-WO_3转变为正交晶系β-WO_3[图4-1（d）]；直到温度高于$740℃$，晶体结构转变为四方结构α-WO_3[图4-1（e）]；而由角共享规则八面体的立方晶系的WO_3[图4-1（f）]唯有当掺入杂质时方可生成。在上述众多晶型中，最稳定的是室温（RT）单斜γ-WO_3。六方相（h-WO_3）晶体结构虽然也比较稳定，但是当退火温度高于$400℃$时，它将向γ-WO_3转变。与块状WO_3的相变行为完全不同，纳米结构WO_3稳定的晶相在室温下受到其形态的影响，因此纳米结构WO_3相变温度通常较低，而室温下一些纳米结构的WO_3中会保留有正交晶系β-WO_3。

近年来，随着科学家们对钨氧化物研究的不断深入，其已被应用到更多领域，如电致变色器件、光致变色器件、化学传感器、气敏材料等，最为典型的是可捕获太阳能的光催化剂。目前，通过控制材料制备、处理环境，多种形式的钨氧化物已被开发出来，常见的有棕褐色二氧化钨（WO_2）、黄色三氧化钨（WO_3）以及紫色$WO_{2.72}$和蓝色$WO_{2.9}$。在这些钨氧化物中，满足化学计量比的WO_3最为稳定，因其具有独特的电子传输特性、光学特性，常被应用于光电化学分解水体系中作为光电极。

本章重点介绍WO_3光电极的形貌及晶型结构调控、异质结和同质结电极的构筑，并分析了其光电催化分解水的性能及相关机制。

4.2 WO_3光电极的制备及其形貌调控

4.2.1 不同形貌WO_3的物相及形成机理

光催化剂的表面环境如表面的电子和原子结构，会对光催化的反应性能产生影响，而不同晶面的暴露在很大程度上决定了表面结构，具有不同形态以及特定晶面暴露特征的纳米结构，其性能也大不相同。因此，半导体材料光电性能的调控可以通过晶面及表面原子结构的调控来实现，比如表面能高低、导价带位置、对反应物的吸附和反应产物的解吸能力、表面活性位点的多少等。

水热法是一种简单易行的制备纳米WO_3薄膜的化学方法，不同的反应环境可以通过改变水热体系的不同参数进行调控，从而达到调控晶体结构及微观形貌的目的。以$Na_2WO_4 \cdot 2H_2O$为钨源，采用水热法在FTO导电玻璃上制备WO_3薄膜，并通过调控水热反应前驱体溶液 pH 值进而控制 WO₃纳米薄膜的形貌，研究不同形貌纳米 WO₃薄膜的生成机理以及其对光电性能的影响。

图 4-2(a)为 WO₃纳米片状结构(nanoplate，WO₃NPs)的 SEM 图像，可以发现：单个结构的纳米片厚度约为 100nm，平均尺寸约为 900nm×200nm，在空间上大量的纳米片状结构垂直交错堆积形成薄膜。图 4-2(b)为 WO₃纳米棒(nanorod，WO₃NRs)的 SEM 图像，平均直径约为 250nm 的一维 WO₃纳米棒垂直生长在 FTO 基底上。图 4-2(c)为 WO₃微晶(microcrystals，WO₃MCs)的 SEM 图像，符合前文所述 W 原子包含在由 6 个 O 原子构成的正八面体中，而 WO₃晶体则由相邻的[WO₆]正八面体通过共用顶角氧原子联结形成。

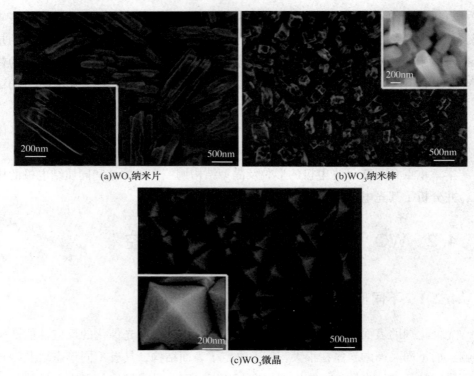

(a)WO₃纳米片　　　　　　　　　　(b)WO₃纳米棒

(c)WO₃微晶

图 4-2　不同形貌 WO₃的扫描电镜照片

图 4-3 所示为不同形貌 WO₃薄膜的 XRD 测定结果。图 4-3(a)为 WO₃纳米片的 XRD 衍射图谱(JCPDS PDF 43-1035)，表明其为单斜相，同时明显观察到三强峰分别位于 2θ 为 24.4°、23.6° 和 23.1° 的位置，晶面为(200)(020)和(002)，表明晶体沿(200)方向择优生长。依据 WO₃纳米棒的 XRD 测试结果，如

图4-3(b)所示，发现其三强峰分别为(220)(020)和(200)，对应于单斜相 WO₃（JCPDS PDF 05-0363）。图4-3(c)表明 WO₃微晶为六方相 WO₃（JCPDS PDF 33-1387），不同于 WO₃纳米片和 WO₃纳米棒，其(100)(001)和(110)晶面衍射峰强度高且尖锐。

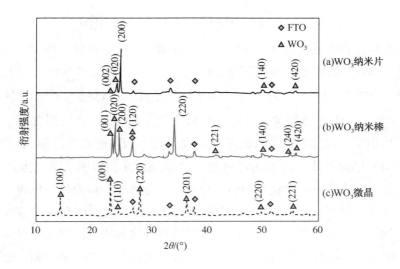

图4-3　不同形貌 WO₃的 XRD 谱图

　　结合 SEM 与 XRD 测试的结果，我们发现，对水热反应前驱体溶液 pH 值的调控会影响 WO₃薄膜的微观形貌及物相结构。图4-4所示为水热反应合成 WO₃薄膜的示意图。结合 WO₃薄膜的反应过程，我们研究了反应过程中 pH 值的调控影响 WO₃物相结构及微观形貌的作用机制。

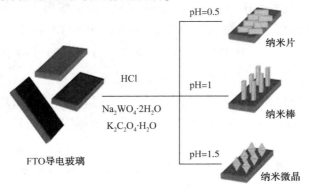

图4-4　不同形貌 WO₃合成路线示意图

在 WO_3 薄膜合成中，除了钨源 $Na_2WO_4 \cdot 2H_2O$ 外，还加入 $K_2C_2O_4 \cdot H_2O$ 作为结构导向剂，WO_3 前驱体溶液 pH 值则是通过控制滴加盐酸的方式进行调控的。在 WO_3 水热合成的过程中，发生反应如下：

$$Na_2WO_4 \cdot 2H_2O + nH_2O + 2HCl \rightleftharpoons H_2WO_4 \cdot (n+2)H_2O + 2NaCl \qquad (4-1)$$

$$H_2WO_4 \cdot (n+2)H_2O \rightleftharpoons WO_3 + (n+3)H_2O \qquad (4-2)$$

依据水热过程中发生的化学反应，可以得知整个反应在酸性环境中进行，钨酸晶核是由 WO_4^{2-} 阴离子与 H^+ 聚合形成，然后晶核生长形成 WO_3。因此，不同形态的 WO_3 纳米结构可通过调控前驱体溶液中的 pH 值而制备。当前驱体溶液的 pH 值为 1.5 时，H^+ 含量较少，所形成的晶核数量也较少。在水热过程中晶核继续长大，从而得到尺寸粒径较大的 WO_3 微晶结构。当前驱体溶液的 pH 值为 1.0 时，H^+ 的含量随之增多，H_2WO_4 晶核数量也相应增多，形成了垂直生长的 WO_3 纳米棒。然而，由于在水热过程中温度升高、压力增大，新的晶核出现，以至尺寸的均匀性无法保证。当溶液的 pH 值调节到 0.5 时，溶液中存在大量的钨酸晶核，成核均匀，且水热过程后长成的晶体其粒径也较为统一，因此可得到规则的 WO_3 矩形纳米片状结构。水热反应完成后，对得到的 WO_3 薄膜在 550℃ 温度下进行退火处理，以使其结晶完整。

简而言之，溶液中 H^+ 浓度的变化，影响了溶液的过饱和度以及溶解度，进而影响了晶体的结晶和生长。类似报道指出，溶液的过饱和度受到 pH 值的影响，会导致晶粒尺寸、结晶形态和晶面取向发生变化，晶体的生长将沿着特定的晶面进行。XRD 的分析也证实了 WO_3 形貌不同，晶体结构也不同。如图 4-5(a) 所示，当 pH 值较高时(pH = 1.5)，溶液中[WO_6]仲钨酸根团簇含量较高，而晶体沿(100)(001)和(110)晶向生长，暴露出{100}和{110}晶面族，最终生成六方相 WO_3 微晶，为正八面体结构。当 pH 值为 1.0 时，溶液中 H^+ 的含量增多，[WO_6]仲钨酸根团簇朝着钨酸根离子[WO_4^{2-}]转变，正八面体结构逐渐转变为立方体结构，如图 4-5(b) 所示。此时，(100)(110)和(001)晶向的生长受到抑制，位于体对角线的(111)方向产生畸变，(200)和(020)晶面逐渐暴露，WO_3 开始由六方相向单斜相转变，微观形貌也朝着垂直于基底生长的、尺寸不均匀棒状形态转变。如图 4-5(c) 所示，继续滴加盐酸至 pH = 0.5，则溶液中 H_2WO_4 晶核数量随之增加，晶核沿(001)晶向的生长被完全抑制，尺寸均匀的片状结构逐渐生成，趋向单斜晶相的统一生长，{200}晶面族也暴露。

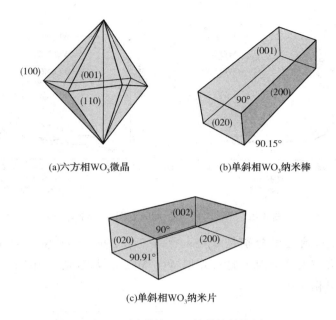

(a)六方相WO₃微晶　　　(b)单斜相WO₃纳米棒

(c)单斜相WO₃纳米片

图 4-5　不同形貌 WO₃的晶体结构图

4.2.2　不同形貌 WO₃的光电化学性能

不同形貌 WO₃的光学性能通过紫外-可见分光光度计进行表征，同时依据公式计算禁带宽度，其吸收光谱和对应的禁带宽度如图 4-6 所示。WO₃MCs、WO₃ NRs、WO₃NPs 的吸收边分别位于 350nm、340nm、330nm 左右，吸光性能存在差异。根据以下公式可计算材料的禁带宽度：

$$(\alpha h\nu)^n = A(h\nu - Eg) \tag{4-3}$$

式中，h、ν、α、A 分别为普朗克常数、频率、吸光系数以及常数；$h\nu$ 为入射光强度；Eg 为所求的禁带宽度。

WO₃MCs、WO₃ NRs 和 WO₃NPs 的禁带宽度分别是 2.75eV、2.82eV 以及 2.96eV。结合吸收光谱曲线[图 4-6(a)]，可以发现不同形貌的 WO₃性能也有细微差别，可能因为不同晶面的暴露导致其表面能不同。在这些 WO₃中，WO₃MCs 有着较窄的禁带宽度和较大的光吸收强度。

不同形貌 WO₃的光电性能通过电化学工作站(LK2005A)来研究，采用线性扫描伏安法测量了 WO₃的光电流密度，其结果如图 4-7 所示。光电流密度随着外加偏压的增大而增大。当外加偏压为 0.8 V(vs RHE)时，WO₃ MCs、WO₃NRs 和

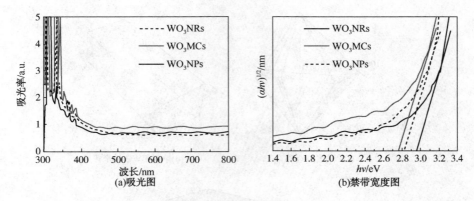

图 4-6　不同形貌 WO_3 的吸光图和禁带宽度图

WO_3NPs 的光电流密度分别是 $0.45mA/cm^2$、$0.39mA/cm^2$ 和 $0.36mA/cm^2$。该研究表明，具有较大比表面积的六方相 $WO_3\ MCs$ 的太阳光利用率较高，这与光吸收谱图的结果相一致。

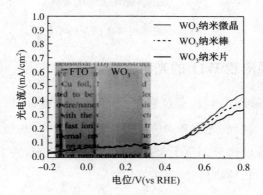

图 4-7　不同形貌 WO_3 的光电流密度曲线

4.3　1D Mo-WO_3/Fe-WO_3 同质结的构筑及其光电性能研究

WO_3 作为一种具有前景的光阳极已受到广泛关注，然而界面电荷的缓慢转移和光生电子-空穴对的快速复合致使其量子效率低下，限制了其在光电分解水体系中的应用。为了最大化利用 WO_3 光阳极，国内外科学家已开发出多种改性措施。其中，构筑异质/同质结构可明显抑制载流子复合并提高载流子转移效率，因此其研究较为普遍。异质结常由两种能带匹配的半导体复合构成，光生空穴和电子可以从一种材料的能带转移到另一种材料的能带上。但是不同材料的晶格失配会在两种半导体界面处增强载流子复合的概率，阻碍了光生载流子分离以及转移。相比于异质结，同质结由相同的材料构成，具有化学键的连续性以及较小的晶格错配特性，可明显促进界面电荷的转移和抑制界面间载流子的复合。因此，设计晶格匹配的同质结作为光电极，是促进界面处载流子分离的一种有效手段。

此外，半导体的电导率和载流子的迁移率可通过元素掺杂得到提升。元素掺杂还会影响半导体的能级以及提升载流子的电荷密度，进而改善其光电性能。Kalanur 等成功地制备了掺杂有过渡金属离子（V、Mn、Cr、Fe、Co、Ni、Zn 和 Cu）的 WO_3 薄膜，进一步研究发现，掺杂 Co、Cr、Zn 和 Cu 的 WO_3 薄膜相对于原始的 WO_3 薄膜导带边缘上移，Ni 和 V 的掺杂则会使 WO_3 导带边缘下移。特别强调的是，Co 的掺杂使得 WO_3 薄膜的带边位置朝着理想的全解水电位方向移动，减少了禁带宽度，表现出更高的光电转换效率以及光电流密度。

基于此，我们通过水热法制备了掺杂 Mo 和 Fe 的 WO_3 光电极，并确定了这两种元素的最佳掺杂量。随后在一维 Mo 掺杂 WO_3 纳米棒上水热生长了 Fe 掺杂 WO_3，从而制备 1D $Mo-WO_3/Fe-WO_3$ 同质结。结合复合电极的形貌结构表征和光电性能测试的结果，我们研究了元素掺杂后的 WO_3 同质能带的变化以及复合电极中光生载流子的分离、转移过程，并探究了光电催化机理。

4.3.1 $Mo-WO_3/Fe-WO_3$ 同质结复合电极的物相分析

图 4-8 所示为 Fe、Mo 两种元素各自掺杂量不同的 WO_3 光阳极的 LSV 曲线。如图 4-8（a）所示，相对于其他 Fe 掺杂量的 WO_3 光阳极，2 at.% $Fe-WO_3$ 光阳极光电流密度密度最大。图 4-8（b）表明 5 at.%[1] $Mo-WO_3$ 光阳极光电流密度密度最大，此时 Mo 掺杂量最佳。因此，$Mo-WO_3/Fe-WO_3$ 同质结由 2 at.% $Fe-WO_3$ 和 5 at.% $Mo-WO_3$ 构筑（下文简记为 $Fe-WO_3$、$Mo-WO_3$）。

图 4-9 所示为 WO_3、$Fe-WO_3$、$Mo-WO_3$ 和 $Mo-WO_3/Fe-WO_3$ 的微观形貌。可以看出，单一 WO_3 和只有一种元素掺杂的 WO_3 展现出尺寸相差不大的、相似的纳米棒状形貌，表明 $Fe-WO_3$、$Mo-WO_3$ 的微观结构与单一 WO_3 基本一致。然而，由于 $Mo-WO_3$ 纳米棒的表面被 $Fe-WO_3$ 包覆的影响，$Mo-WO_3/Fe-WO_3$ 虽然保持纳米棒形貌，但尺寸略大。

---

[1] at.% 指的是原子数百分含量。

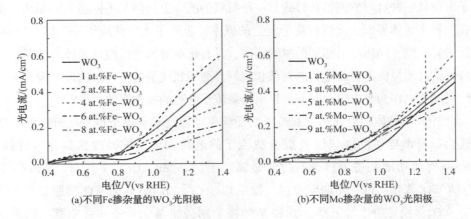

(a)不同Fe掺杂量的WO₃光阳极   (b)不同Mo掺杂量的WO₃光阳极

图 4-8   Fe、Mo 两种元素各自掺杂量不同的 WO₃ 光电极的 LSV 曲线

图 4-9   WO₃、Fe-WO₃、Mo-WO₃、Mo-WO₃/Fe-WO₃的 SEM 俯视图

图 4-10 所示为 WO₃、Mo-WO₃ 和 Mo-WO₃/Fe-WO₃ 的 XRD 衍射图谱。首先排除 FTO 基底的 SnO₂ 的衍射峰（JCPDS PDF 77-0452），WO₃ 和 Mo-WO₃ 皆与标准单斜相 WO₃（JCPDS PDF 72-0677）的衍射峰相匹配。Mo-WO₃ 的晶体结构无择优取向变化或新相生成可能有两方面原因：①Mo 的浓度较低；②Mo^{6+} 和 W^{6+} 的离子半径相差不大，分别为 0.59Å 和 0.62Å，Mo^{6+} 可均匀地嵌入到 WO₃ 晶格中并保持晶体结构不变。然而，在 Mo-WO₃/Fe-WO₃ 的 XRD 图谱中，（002）和（020）的

衍射峰显著增强，这可能是由于同质结形成时 WO_3 表面近程结构缺陷的减少产生的。

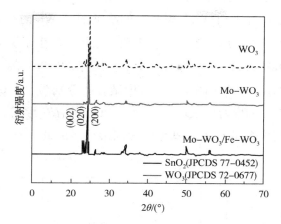

图 4-10　WO_3、$Mo-WO_3$ 和 $Mo-WO_3/Fe-WO_3$

同质结的 XRD 谱图

　　图 4-11 所示为 $Mo-WO_3/Fe-WO_3$ 同质结的透射电镜图片。图 4-11(a)表明 $Fe-WO_3$ 被成功地生长到 $Mo-WO_3$ 纳米棒的表面，厚度约为 20nm。图 4-11(b)中界面以上为 $Mo-WO_3$，界面以下为 $Fe-WO_3$，晶格间距皆为 0.365nm，对应于 WO_3 的(200)晶面。由于 Mo^{6+}、Fe^{3+} 以及 W^{6+} 离子半径较为接近，当 Mo 和 Fe 的掺杂量较低时，掺杂诱导应变被降低，所以晶格空间没有发生明显的变化。结合 $Mo-WO_3/Fe-WO_3$ 同质结的 XRD 谱图，可以证明 Mo^{6+} 和 Fe^{3+} 已被成功地掺杂至 WO_3 的晶格中。此外，$Mo-WO_3$ 与 $Fe-WO_3$ 不存在明显的晶格界面，表明其晶格匹配较好，这对于抑制界面处载流子的复合具有重要作用，有利于提升同质结的光电性能。

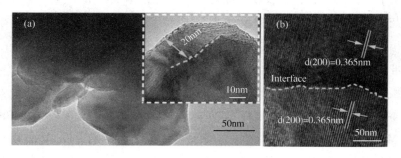

图 4-11　$Mo-WO_3/Fe-WO_3$ 同质结的 TEM 图(a)和 HRTEM 图(b)

图 4-12 所示为 Mo-WO$_3$/Fe-WO$_3$ 同质结的 X 射线光电子能谱（XPS），用于表征其化学组分和各元素的价态。如图 4-12（a）所示，结合能为 38.2eV 的 W 4f$_{5/2}$ 的峰以及结合能为 36.1eV 的 W 4f$_{5/2}$ 的峰证明了 W^{6+} 的存在，而 37.2eV 和 34.9eV 对应的峰则可归为 W^{5+} 的影响，表明元素掺杂产生了氧空位。图 4-12（b）中结合能为 232.4eV 的 Mo 3d$_{5/2}$ 的峰以及结合能为 235.9eV 的 Mo 3d$_{3/2}$ 的峰表明 Mo^{6+} 为 Mo 元素的存在形式。图 4-12（c）中结合能分别为 711.0eV 和 724.9eV 的 Fe 2p$_{3/2}$ 和 Fe 2p$_{1/2}$ 的 XPS 峰则表明 Fe^{3+} 为 Fe 元素的存在形式。因为等价元素的掺杂不会出现电荷失配的现象，氧空位无法形成。因此，氧空位的出现可能是 Fe 掺杂的缘故。

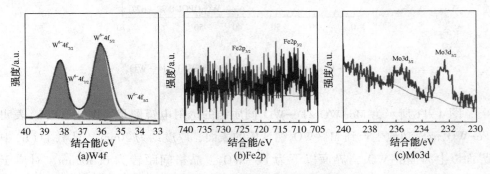

图 4-12　Mo-WO$_3$/Fe-WO$_3$ 同质结的 XPS 谱图

4.3.2　Mo-WO$_3$/Fe-WO$_3$ 同质结复合电极的光电性能研究

图 4-13 所示为 WO$_3$、Fe-WO$_3$、Mo-WO$_3$ 和 Mo-WO$_3$/Fe-WO$_3$ 同质结的紫外-可见吸光谱图。如图 4-13（a）所示，Fe-WO$_3$ 和 Mo-WO$_3$ 的吸收边相对于单一 WO$_3$ 发生了轻微的红移，光吸收强度也有所增加，但 Mo-WO$_3$/Fe-WO$_3$ 同质结的吸收边与 Fe-WO$_3$ 和 Mo-WO$_3$ 差异不大。图 4-13（b）为所有样品的禁带宽度图，可以看出 Fe-WO$_3$ 的禁带宽度小于 WO$_3$，这可能由于元素掺杂后的 Fe 离子在 WO$_3$ 价带上形成了一个施主能级。而 Mo^{6+} 离子的掺杂，则在 WO$_3$ 导带下方形成受主能级，增加了可见光的吸收强度。

图 4-14 所示为 Mo-WO$_3$ 和 Fe-WO$_3$ 的紫外光电子能谱图（UPS），UPS 谱图用来研究 Mo-WO$_3$/Fe-WO$_3$ 同质结中 Mo 和 Fe 对 WO$_3$ 的影响。Fe-WO$_3$ 和 Mo-WO$_3$ 的导带（CB）和价带（VB）的基带边缘位置如图 4-14 所示。结合光学带隙谱，并依据如下等式，我们可计算出 Fe-WO$_3$ 和 Mo-WO$_3$ 的能带位置。

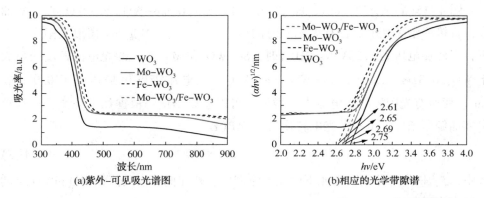

(a)紫外-可见吸光谱图　　　　　　　　(b)相应的光学带隙谱

图 4-13　WO_3、$Mo-WO_3$、$Fe-WO_3$ 和 $Mo-WO_3/Fe-WO_3$ 同质结的紫外-可见吸光谱图

$$E_{FE} = h\nu - E_{cutoff} \tag{4-4}$$

$$E_{VB} = E_{FE} + E_{onset} - E_e \tag{4-5}$$

$$\varphi = h\nu - (E_{cutoff} - E_{onset}) \tag{4-6}$$

$$E_{CB} = E_{VB} - E_g \tag{4-7}$$

式中，$h\nu$ 为 He1 光源的固定入射光能（21.22eV）；E_{FE}、E_e 和 φ 分别为费米能级、半导体的功函数和氢原子尺度上自由电子的能量（4.5eV）；E_{cutoff} 和 E_{onset} 分别为 UPS 图谱中的截止能量和起始能量。

经分析计算，$Fe-WO_3$ 的 CB 和 VB 位置分别为 0.26eV 和 2.87eV（vs NHE），$Mo-WO_3$ 的 CB（传输空穴的价带）和 VB（传输电子的导带）位置分别为 0.45eV 和 2.14eV（vs NHE）。显然，$Mo-WO_3/Fe-WO_3$ 同质结具有匹配的梯度能级。

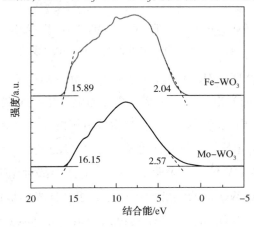

图 4-14　$Mo-WO_3$ 和 $Fe-WO_3$ 的 UPS 谱图

图 4-15(a)所示为 WO$_3$、Fe-WO$_3$、Mo-WO$_3$和 Mo-WO$_3$/Fe-WO$_3$的 LSV 曲线，直接展示了光电极在有无光照时的电流密度。在 AM 1.5G 模拟太阳光照射下，当外加电压为 1.23V(vs RHE)时，Fe-WO$_3$和 Mo-WO$_3$的光电流密度明显大于 WO$_3$(0.31mA/cm^2)，Mo-WO$_3$/Fe-WO$_3$的光电流密度更是达到了 0.92mA/cm^2。而所有光阳极的暗电流十分微弱，可以忽略不记。根据如下公式，可计算出施加偏压条件下电极的光电转化效率(ABPE)：

$$\eta = J(1.23-V)/P \times 100\% \qquad (4-8)$$

式中，J、V 和 P 分别为光照下的光电流密度、外加偏压以及值为 100 mW/cm^{2}的入射光光强密度。

如图 4-15(b)所示，相比于其他光阳极，Mo-WO$_3$/Fe-WO$_3$的 ABPE 最大，且在 0.96V vs RHE 为 0.12%。

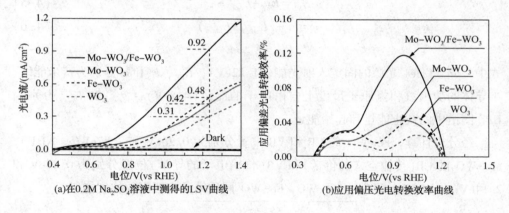

(a)在0.2M Na$_2$SO$_4$溶液中测得的LSV曲线   (b)应用偏压光电转换效率曲线

图 4-15　WO$_3$、Mo-WO$_3$、Fe-WO$_3$和 Mo-WO$_3$/Fe-WO$_3$光阳极的
LSV 曲线与应用偏差光电转换效率曲线

图 4-16 所示为 WO$_3$、Mo-WO$_3$、Fe-WO$_3$和 Mo-WO$_3$/Fe-WO$_3$光电极的表面光电压谱(SPV)。表面光电压测试用来研究界面电场中光生载流子的行为，更大的 SPV 强度意味着界面电场强度更大，光生载流子的分离效率更高。当 Mo 掺入 WO$_3$后，其 SPV 信号增强，表明界面处聚集了更多的光生空穴。此外，Fe 的掺杂也引起了更强烈的 SPV 信号，表明 Fe 和 Mo 的掺杂都对光生电子-空穴对的分离有利。Mo-WO$_3$/Fe-WO$_3$同质结展现出远远高于其他光阳极的 SPV 信号，这可归因于能级匹配的 Fe-WO$_3$和 Mo-WO$_3$接触后形成了由 Fe-WO$_3$指向 Mo-WO$_3$的内建电场，而内建电场则促进了光生载流子分离和迁移，抑制了载流子的复合。

图 4-17 所示为光电极的电化学阻抗谱，可进一步分析光生载流子的界面传输能力。同时，表 4-1 给出了拟合电路图中的各项参数。在拟合电路图中，R_s 为溶液电阻，CPE 为光电极/电解液界面电容恒相元件；而 R_{ct} 为光电极/电解液界面的电荷转移电阻，与 EIS 谱图中的半圆直径相对应，半径越小，载流子在界面传输的电阻越低。由图 4-17 可知，Fe-WO$_3$ 和 Mo-WO$_3$ EIS 谱图半径更小，表明 Fe 和 Mo 的掺杂减少了光生载流子的界面传输电阻，电荷通过光电极/电解液界面更加容易。而 Mo-WO$_3$/Fe-WO$_3$ 的 EIS 谱图半径最小，表明其电荷界面传输最为有效，也说明 Mo-WO$_3$/Fe-WO$_3$ 同质结结构对光生载流子在光电极/电解液界面的传输更为有利。

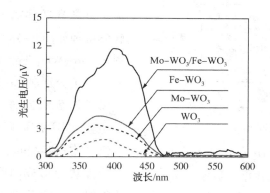

图 4-16　WO$_3$、Mo-WO$_3$、Fe-WO$_3$ 和
Mo-WO$_3$/Fe-WO$_3$ 光电极的 SPV 图谱

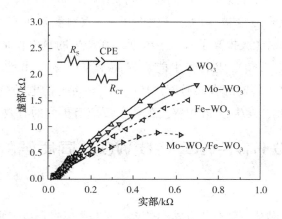

图 4-17　WO$_3$、Mo-WO$_3$、Fe-WO$_3$ 和
Mo-WO$_3$/Fe-WO$_3$ 光阳极的 EIS 图谱

表 4-1　WO₃、Mo-WO₃、Fe-WO₃和 Mo-WO₃/Fe-WO₃光阳极
从的等效电路拟合参数

样品	$R_s/(\Omega \cdot cm^2)$	$R_{ct}/(\Omega \cdot cm^2)$	$CPE/(F/cm^2)$
WO₃	25	1752	2.10×10^{-3}
Mo-WO₃	28	1598	1.12×10^{-4}
Fe-WO₃	28	1407	2.67×10^{-4}
Mo-WO₃/Fe-WO₃	24	487	1.08×10^{-3}

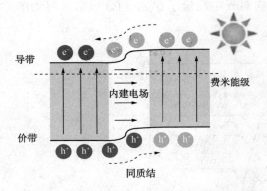

图 4-18　Mo-WO₃/Fe-WO₃光阳极中
电荷的分离和转移机理

综上所述，Mo-WO₃/Fe-WO₃同质结的构筑能有效提高光电极中的载流子分离和转移效率，其电荷分离与转移机理如图 4-18 所示。当太阳光照射至 Mo-WO₃/Fe-WO₃光阳极上时，光生电子分别自 Fe-WO₃和 Mo-WO₃的价带被激发而跃迁至各自的导带上，光生空穴则相应地产生在其价带上。能级结构相匹配的 Fe-WO₃和 Mo-WO₃紧密接触而形成同质结，同时两者费米能级的相对移动形成内建电场。光生电子从 Fe-WO₃的导带转移到 Mo-WO₃导带，空穴从 Mo-WO₃价带迁移到 Fe-WO₃价带。此外，由于晶格失配的问题为同质结的形成所消除，界面处缺陷的浓度随之降低，载流子复合被抑制，光生电子-空穴对实现了有效的分离和转移。Fe^{3+}掺杂形成的施主能级提高了载流子浓度，其产生的氧空位促进了载流子的分离和传输；而 Mo^{6+}掺杂形成的受主能级提高了 WO₃的导电性。同时，1D Mo-WO₃纳米棒作为电子传输的有效通道，Mo-WO₃导带上的电子被更加快速地传递至 FTO 基底。因此，发生在 Pt 电极上的析氢反应有更多的有效电子参与。

4.4　1D HTA-WO₃/2D WO₃₋ₓ 同质结的构筑及其光电性能研究

同质结对光生载流子的分离和转移效率的提升是通过形成于半导体内部的界面电场实现的。一般而言，同质结结构可由类型不同、晶型结构不同、暴露晶面不同

但组成成分相同的半导体材料复合构成。特别地，由于外部杂质原子掺杂(外部缺陷)构成的、能级匹配的同质结已引起了国内外广泛关注。然而，外部杂质原子会成为光生载流子的复合位点，在一定程度上降低了半导体的光电性能。

自从 GLemser 和 Sauer 等人发现氧空位可通过自掺杂的方式引入 WO_3 而使得 WO_3 基本结构转变为 $WO_{2.9}$ 后，这种通过氧空位的自掺杂而获得非化学计量比的 WO_{3-x} 的研究日益广泛。非化学计量比 WO_{3-x} 是一种极其重要的 n 型半导体，其具有大量的氧空位，可通过 WO_3 薄膜在还原性溶液中的刻蚀或在还原气氛中的退火处理而得到。Wang 等人将 2D WO_3 纳米片薄膜在氢气氛围下退火，成功合成了 WO_{3-x} 薄膜；进一步研究发现，氧空位作为电子供体，其数量有所增加，光电流密度相对于原始 WO_3 增大 8.8 倍。

因此，我们通过对 WO_3 纳米棒进行高温处理得到 1D HTA$-WO_3$ 纳米棒，随后以水热法将含有大量氧空位的 2D WO_{3-x} 纳米片生长到 1D HTA$-WO_3$ 纳米棒上，构筑了 1D HTA$-WO_3$/2D WO_{3-x} 同质结光阳极，并对 1D HTA$-WO_3$/2D WO_{3-x} 同质结光阳极的微观形貌、氧空位和光电性能进行测试和表征，深入探讨了其光生载流子的分离和转移过程及相关机理。

4.4.1 1D HTA$-WO_3$/2D WO_{3-x} 同质结复合电极的物相分析

图 4-19 所示为 1D HTA$-WO_3$/2D WO_{3-x} 同质结光电极样品的微观形貌图。结合图 4-19(a)和图 4-19(b)可知，原始 WO_3 为表面光滑的一维纳米棒结构，在 FTO 基底上垂直生长，高度约为 2.56μm。当 700℃ 高温处理后，所获得的 1D HTA$-WO_3$ 平均直径虽然略有增加，但平均长度无明显变化。随后再次水热生长 WO_{3-x}，可看到其表面为 2D 纳米片阵列，如图 4-19(c)所示。图 4-19(d)为基于 HTA$-WO_3$/WO_{3-x} 侧面的 SEM 图像的 EDS 元素分析谱图。可以看到，W 和 O 元素在了 HTA$-WO_3$/WO_{3-x} 中均匀分布，而 Sn 元素的浓度从底部到顶部逐渐减少，这主要是由于高温退火处理使得 FTO 基底的 Sn 元素朝着 WO_3 扩散。

图 4-20 为样品的 XRD 图谱。排除 FTO 导电玻璃(SnO_2 JCPDS No. 77-0452)的衍射峰，可以发现：原 WO_3 为标准单斜相 WO_3(JCPDS No. 72-0677)，位于 2θ =24.3°较为尖锐的衍射峰表明在 FTO 基底上生长的原始 WO_3 沿着(200)方向择优生长。高温处理后，1D HTA$-WO_3$ NRs 的(200)晶面对应的衍射峰变得更为尖锐，表明高温退火处理增强了样品的结晶度。在 1D HTA$-WO_3$ NRs 负载 2D WO_{3-x} 纳米片后，位于 2θ 为 23.51°、23.83°和 28.12°处分别对应于 WO_{3-x}(JCPDS

图 4-19　1D HTA-WO$_3$/2D WO$_3$ 同质结光电极的 SEM 图

(a)(b)(c)分别为 WO$_3$、HTA-WO$_3$、HTA-WO$_3$/WO$_{3-x}$的正面和侧面以及 HTA-WO$_3$/

WO$_{3-x}$SEM 图；(d)为 SEM 侧视图和相应的 W、O 与 Sn 元素面分布图

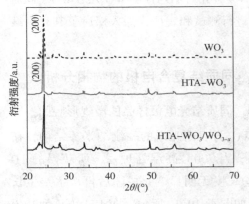

图 4-20　WO$_3$、HTA-WO$_3$和
HTA-WO$_3$/WO$_{3-x}$的 XRD 谱图

No. 05-0392)的(010)、(103)和(211)晶面。此外，同质结中的 HTA-WO$_3$ 未观察到晶体结构的变化，说明在同质结的合成过程中其不会受到 WO$_{3-x}$ 纳米片生长的影响。

图 4-21 所示为样品的透射电镜图像。图 4-21(a)展示了对应于单斜 WO$_3$ (200)晶面的晶格条纹，其晶格间距为 0.365nm。图 4-21(b)中也可以观察到晶格间距为 0.365nm 的晶格条纹，而且相比于原始 WO$_3$ 更加清晰，这表明高温退火处理提高了样品的结晶度，与 XRD 结果保持一致。图 4-21(c)所示为 HTA-WO$_3$/WO$_{3-x}$ 同质结的 HRTEM 图像，可观察到晶格间距为 0.378nm 和 0.365nm 的晶格条纹，分别对应于 WO$_{3-x}$ 的(010)晶面和 WO$_3$ 的(200)晶面。

图 4-22 所示为 HTA-WO$_3$/WO$_{3-x}$ 和 WO$_3$ 的 XPS 测试结果，以研究 HTA-WO$_3$/WO$_{3-x}$ 中氧空位的存在和各元素的化学状态。如图 4-22(a)所示，HTA-WO$_3$/WO$_{3-x}$ 和原始 WO$_3$ 的总谱图大致相同。在图 4-22(b)所示的高分辨 XPS 谱

图 4-21　WO_3、$HTA\text{-}WO_3$ 和 $HTA\text{-}WO_3/WO_{3-x}$ HRTEM 图

图中，结合能为 36.0eV 和 37.8eV 的 $W4f_{5/2}$ 的峰证明了 W^{6+} 的存在。而结合能 34.9eV 和 37.2eV 的峰，则对应于 W^{5+}，证实了氧空位的存在。在 O 1s 高分辨 XPS 谱图中[图 4-22(c)]，在结合能为 532.5eV 次峰处，$HTA\text{-}WO_3/WO_{3-x}$ 信号相对于原始 WO_3 也有所增强，这也证明了氧空位的存在。而在 W 4f 和 O 1s 高分辨 XPS 谱图中，皆可观察到 $HTA\text{-}WO_3/WO_{3-x}$ 结合能相比于 WO_3 发生了轻微的正移，这是由于氧空位和 $W^{6+}\text{-}O$ 键结合能增加以保持原来的晶体结构和稳定性，这与 Dal Santo 等的报道相对应。在图 4-22(d)中，结合能为 487eV 和 496eV 处分别可观察到 $Sn\ 3d_{5/2}$ 和 $Sn\ 3d_{3/2}$ 的峰，与 EDS 的分析一致。

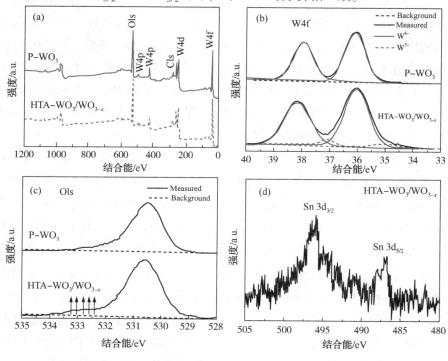

图 4-22　WO_3 和 $HTA\text{-}WO_3/WO_{3-x}$ 的 XPS 谱图

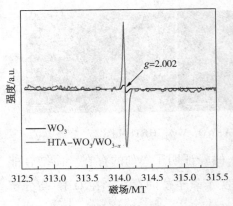

图 4-23 WO$_3$ and HTA-WO$_3$/
WO$_{3-x}$的 EPR 谱图

电子顺磁共振(EPR)光谱可检测半导体表面/体氧空位的存在,它利用检测样品对电磁波的吸收从而提供有关未配对电子的信息。如图 4-23 所示,WO$_3$的 EPR 信号峰极其微弱,这主要是因为其为氧空位主导的 n 型导电性质。然而,HTA-WO$_3$/WO$_{3-x}$的 EPR 光谱展示了两个尖锐且对称的 EPR 信号峰,峰位置的 g 值为 2.002,表明有大量的自由电子存在于样品中,证实了 HTA-WO$_3$/WO$_{3-x}$中氧空位的存在。

4.4.2 1D HTA-WO$_3$/2D WO$_{3-x}$同质结复合电极的光电化学性能

图 4-24(a)所示为 WO$_3$、HTA-WO$_3$、WO$_3$/WO$_{3-x}$和 HTA-WO$_3$/WO$_{3-x}$光电极的紫外-可见光光谱。如图所示,HTA-WO$_3$的吸收边虽然与原始 WO$_3$类似(约 450nm),但其增加的光吸收却证明了高温退火增加的样品结晶度可提高可见光吸收的利用率。与原始 WO$_3$相比,WO$_3$/WO$_{3-x}$和 HTA-WO$_3$/WO$_{3-x}$同质结光阳极的光吸收强度上升,吸收边略有红移。这种光学性能的提升,可能有两方面原因:一是负载到 1D 纳米棒上的 2D WO$_{3-x}$纳米片提供了更多的相互作用和入射光的吸收路径,从而增强了可见光的利用率;二是氧空位的存在增强了 WO$_3$/WO$_{3-x}$和 HTA-WO$_3$/WO$_{3-x}$对 600~800nm 波长范围的可见光的吸收。图 4-24(b)为样品的禁带宽度图,可以看出 WO$_3$和 HTA-WO$_3$的禁带宽度约为 2.75eV,而 WO$_3$/WO$_{3-x}$和 HTA-WO$_3$/WO$_{3-x}$的禁带宽度则有所减小,约为 2.67eV。这种禁带宽度的减小,表明增加的氧空位可以调控样品的禁带宽度以吸收更多的可见光。

图 4-25(a)为太阳光(AM 1.5G)照射下得到的 WO$_3$、HTA-WO$_3$、WO$_3$/WO$_{3-x}$和 HTA-WO$_3$/WO$_{3-x}$的 LSV 曲线。当施加 1.23 V(vs RHE)电压时,原始 WO$_3$经高温处理后,光电流密度由 0.31mA/cm^{2}提升到 0.48mA/cm^2,这表明样品结晶度的提高对光电流密度的提升有利。在 WO$_3$上负载 WO$_{3-x}$纳米片后,WO$_3$/WO$_{3-x}$的光电流密度再次增强,为 0.98mA/cm^2(1.23V vs RHE),这主要归因于高温退火处理、增加的氧空位以及同质结结构的协同促进效应。图 4-25(b)所示为 WO$_3$、HTA-WO$_3$、WO$_3$/WO$_{3-x}$和 HTA-WO$_3$/WO$_{3-x}$的偏压光电转化效率(AB-

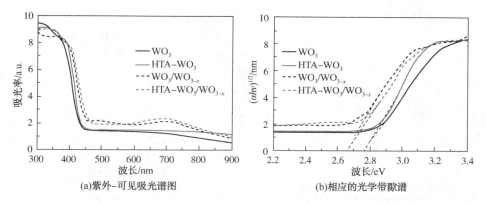

(a)紫外-可见吸光谱图　　　　　(b)相应的光学带隙谱

图 4-24　WO₃、HTA-WO₃、WO₃/WO₃₋ₓ 和 HTA-WO₃/WO₃₋ₓ 的紫外-
可见吸光谱图(a)和相应的光学带隙谱(b)

PE)。其中，HTA-WO₃/WO₃₋ₓ 光阳极有最大的 ABPE 值，为 0.17% (0.73V vs RHE)。而图 4-25(c)为样品的入射光子转换效率(IPCE)谱图，在波长为 300~500nm 范围内，HTA-WO₃/WO₃₋ₓ 光阳极的 IPCE 值最大。为了测试样品的稳定性，我们在 1.23 V 电压下对 WO₃、HTA-WO₃、WO₃/WO₃₋ₓ 和 HTA-WO₃/WO₃₋ₓ 进行了持续时间为 7200s 的测试。测试结果如图 4-25(d)所示，所有的样品均显示出稳定的光电流密度曲线，表明所有样品均稳定性良好。

图 4-26 所示为 WO₃、HTA-WO₃、WO₃/WO₃₋ₓ 和 HTA-WO₃/WO₃₋ₓ 光阳极的莫特-肖特基(M-S)曲线和电化学阻抗(EIS)谱图。图 4-26(a)中的莫特-肖特基曲线可以用来更深入地研究 HTA-WO₃ 同质结的作用机理。WO₃、HTA-WO₃、WO₃/WO₃₋ₓ 和 HTA-WO₃/WO₃₋ₓ 光阳极的载流子浓度(N_d)被计算并汇总于表 4-2 中。样品由于在高温退火后结晶度提高，缺陷减少，且 1D 纳米棒又提供了直接的电子转移通道，使得更多的载流子可以转移至 FTO 基底，因此 HTA-WO₃ 的载流子浓度为 WO₃ 的 1.44 倍。在 WO₃ 上负载含有大量氧空位的 WO₃₋ₓ 纳米片后，观察到 WO₃/WO₃₋ₓ 的费米能级朝着阴极移动，表明光生电子更容易从 WO₃₋ₓ 导带转移到 WO₃ 的导带，这可证明 HTA-WO₃/WO₃₋ₓ 同质结的构筑可显著地促进载流子的分离和转移。此外，WO₃/WO₃₋ₓ 和 HTA-WO₃/WO₃₋ₓ 的载流子浓度相对于 WO₃ 和 HTA-WO₃ 均有明显的提升，这可归因于由 WO₃₋ₓ 纳米片中的氧空位所形成的、位于导带底位置的缺陷能级作为了浅层供体，且样品的导电性和自由载流子的浓度增加；而且，氧空位浓度的增加也对载流子的分离和转移产生了有利影响。HTA-WO₃/WO₃₋ₓ 的载流子浓度大于 WO₃/WO₃₋ₓ(约 1.92 倍)，为 HTA-WO₃

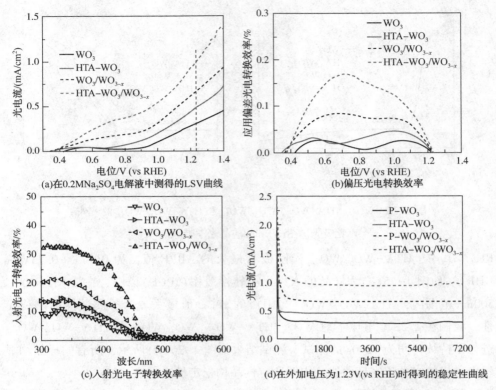

(a)在0.2MNa$_2$SO$_4$电解液中测得的LSV曲线

(b)偏压光电转换效率

(c)入射光电子转换效率

(d)在外加电压为1.23V(vs RHE)时得到的稳定性曲线

图4-25　WO$_3$、HTA-WO$_3$、WO$_3$/WO$_{3-x}$ 和 HTA-WO$_3$/WO$_{3-x}$ 光阳极的 LSV 曲线

的 2.67 倍，表明光生载流子的复合被高温退火处理和富含氧空位的同质结之间的协同作用所抑制，因此光生载流子浓度极大地增加，光电极的 PEC 性能得到极大提升。

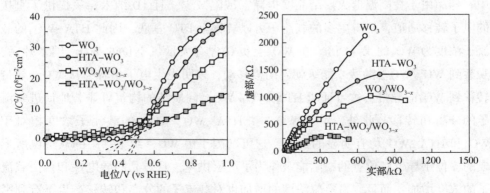

图4-26　WO$_3$、HTA-WO$_3$、WO$_3$/WO$_{3-x}$ 和 HTA-WO$_3$/WO$_{3-x}$
光阳极的 M-S 曲线和 EIS 谱图

表 4-2　WO$_3$、HTA-WO$_3$、WO$_3$/WO$_{3-x}$ 和 HTA-WO$_3$/WO$_{3-x}$
光阳极的平带电位(V_{FB})和载流子浓度(N_d)

样品	V_{FB}/V (vs RHE)	N_d/cm^{-3}
WO$_3$	0.62	5.30×10^{18}
HTA-WO$_3$	0.61	7.65×10^{18}
WO$_3$/WO$_{3-x}$	0.54	1.06×10^{19}
HTA-WO$_3$/WO$_{3-x}$	0.54	2.04×10^{19}

图 4-26(b) 为 WO$_3$、HTA-WO$_3$、WO$_3$/WO$_{3-x}$ 和 HTA-WO$_3$/WO$_{3-x}$ 的 EIS 谱图，其等效电路如图 4-17(b)所示。表 4-3 为各项参数的数值，可以看到原始 WO$_3$ 经高温处理后，其 R_{ct} 值明显减小，表明样品在高温退火处理后，光生载流子更快地转移至 FTO 基底。当 WO$_{3-x}$ 分别负载到 WO$_3$ 和 HTA-WO$_3$ 上时，可以发现合成的 WO$_3$/WO$_{3-x}$ 和 HTA-WO$_3$/WO$_{3-x}$ 光电极的 R_{ct} 值明显降低，这主要有两方面的原因：①WO$_{3-x}$ 含有大量的氧空位，其增加了载流子的密度，使得电荷转移电阻降低，从而促进了载流子的转移；②当 WO$_{3-x}$ 负载到 HTA-WO$_3$ 上时，形成了 HTA-WO$_3$/WO$_{3-x}$ 同质结，该结构有利于光生载流子的分离和转移。在这些样品中，HTA-WO$_3$/WO$_{3-x}$ 显示了最小的 R_{ct} 值，表明 WO$_3$ 在高温退火处理和含有大量氧空位的同质结结构的协同作用下，其载流子的分离和转移得到有效提升。

表 4-3　WO$_3$、HTA-WO$_3$、WO$_3$/WO$_{3-x}$ 和 HTA-WO$_3$/WO$_{3-x}$
光阳极的等效电路拟合参数

样品	R_s/($\Omega \cdot$ cm^2)	R_{ct}/($\Omega \cdot$ cm^2)	CPE/(F/cm^2)
WO$_3$	25	1752	2.10×10^{-3}
HTA-WO$_3$	25	1020	2.18×10^{-4}
WO$_3$/WO$_{3-x}$	28	874	1.12×10^{-3}
HTA-WO$_3$/WO$_{3-x}$	23	465	5.02×10^{-4}

基于上述分析，我们可得出 HTA-WO$_3$/WO$_{3-x}$ 同质结中光生载流子的分离和转移机理，如图 4-27 所示。单一的 WO$_3$ 作为光电极时，其光电性能并不理想，因为存在于表面或体内的缺陷导致了其较低的光生载流子分离和转移效率。经过高温退火处理后得到的 HTA-WO$_3$ 有着较高的结晶度，其缺陷减少，载流子的复

合被抑制，因此 HTA-WO₃比单一 WO₃的载流子浓度高。而较大的载流子浓度引导了光电极/电解质界面处更大的能带弯曲，这对载流子的转移有利，因此 HTA-WO₃比单一 WO₃的光电催化性能优异。对于 HTA-WO₃/WO₃₋ₓ同质结而言，XPS 和 EPR 测试表明其由于 WO₃₋ₓ负载，而具有大量的氧空位。莫特-肖特基曲线表明 WO₃₋ₓ的负载所引入的大量氧空位提高了光电极的载流子浓度，造成了更大的能带弯曲，从而提高了载流子的分离效率。此外，WO₃自掺杂氧空位会使价带顶部向上移动以及费米能级向导带方向移动，因此 WO₃₋ₓ与 HTA-WO₃存在的能量差异会导致二者接触时 HTA-WO₃/WO₃₋ₓ同质结的形成，且同质结位于耗尽层部。EIS 图谱表明 HTA-WO₃/WO₃₋ₓ同质结在这些样品中有着最小的电荷转移电阻，这对界面间载流子的分离有利。而 2D WO₃₋ₓ纳米片增加了可见光的吸收与电解液的接触面积，1D HTA-WO₃纳米棒又为电荷转移提供了直接的通道，这种 1D/2D 复合的结构有利于载流子的分离和转移。在更多的有效电子转移至对电极上参与析氢反应的同时，更多的光生空穴转移至光电极/电解液界面，因此 HTA-WO₃/WO₃₋ₓ同质结显示出了优异的光电性能。

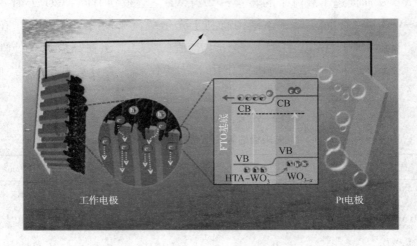

图 4-27　HTA-WO₃/WO₃₋ₓ光阳极中电荷的分离和转移机理

参 考 文 献

[1] An X, Jimmy C Y, Wang Y, et al. WO₃ nanorods/graphene nanocomposites for high-efficiency visible-light-driven photocatalysis and NO₂ gas sensing[J]. Journal of Materials Chemistry, 2012, 22: 8525-8531.

［2］ Chen H, Xu N, Deng S, et al. Electrochromic properties of WO_3 nanowire films and mechanism responsible for the near infrared absorption［J］. Journal of Applied Physics, 2007, 101: 114303.

［3］ 尤路. 基于三氧化钨和钨酸锌纳米结构的高性能化学传感器研究［D］. 吉林: 吉林大学, 2013.

［4］ 刘丽英. 三氧化钨基光电极的制备及其光电化学性能研究［D］. 杭州: 浙江大学, 2013.

［5］ Bange K. Colouration of tungsten oxide films: a model for optically active coatings［J］. SolarEnergy Materials & Solar Cells, 1999, 58: 1-131.

［6］ Bamwenda G R, Sayama K, Arakawa H. The effect of selected reaction parameters on the photo-production of oxygen and hydrogen from a $WO_3-Fe^{2+}-Fe^{3+}$ aqueous suspension［J］. Journal of Photochemistry and Photobiology A: Chemistry, 1999, 122: 175-183.

［7］ Di Quarto F, Di Paola A, Sunseri C. Semiconducting properties of anodic WO_3 amorphous films［J］. Electrochimica Acta, 1981, 26: 1177-1184.

［8］ Kharade R R, Mane S R, Mane R M, et al. Synthesis and characterization of chemically grown electrochromic tungsten oxide［J］. Journal of Sol-Gel Science and Technology, 2010, 56: 177-183.

［9］ Di Valentin C, Wang F, Pacchioni G. Tungsten oxide in catalysis andphotocatalysis: hints from DFT［J］. Topics in Catalysis, 2013, 56: 1404-1419.

［10］ Salje E. Structural phase transitions in the system WO_3-NaWO_3［J］. Ferroelectrics, 1976, 12: 215-217.

［11］ Diehl R, Brandt G, Salje E. The crystal structure of triclinic WO_3［J］. Acta Crystallographica Section B: Structural Crystallography and Crystal Chemistry, 1978, 34: 1105-1111.

［12］ Zheng H, Ou J Z, Strano M S, et al. Nanostructured tungsten oxide-properties, synthesis, and applications［J］. Advanced Functional Materials, 2011, 21: 2175-2196.

［13］ 张晶. WO_3基异质结复合结构的构筑及其光电性能研究［D］. 天津: 天津城建大学, 2017.

［14］ 李艳婷. 氧化钨同质结复合电极的构筑及光电催化性能的研究［D］. 天津: 天津城建大学, 2020.

［15］ Zhang J, Liu Z, Liu Z. Novel WO_3/Sb_2S_3 heterojunction photocatalyst based on WO_3 of different morphologies for enhanced efficiency in photoelectrochemical water splitting［J］. ACS Applied Materials & Interfaces, 2016, 8: 9684-9691.

［16］ Li Y, Liu Z, Ruan M, et al. The 1D WO_3 nanorods/2D WO_{3-x} nanoflakes homojunction structure for enhanced charge separation and transfer towards efficient photoelectrochemical performance［J］. ChemSusChem, 2019, 12: 5282-5290.

［17］ Li Y, Liu Z, Li J, et al. An effective strategy of constructing multi-junction structure by integra-ting a heterojunction and a homojunction to promote charge separation and transfer efficiency of

WO$_3$[J]. Journal of Materials Chemistry A, 2020, 8: 6256-6267.

[18] Zheng J Y, Haider Z, Van T K, et al. Tuning of the crystal engineering and photoelectrochemical properties of crystalline tungsten oxide for optoelectronic device applications[J]. CrystEngComm, 2015, 17: 6070-6093.

[19] Liu J B, Ye X Y, Wang H, et al. The influence of pH and temperature on the morphology of hydroxyapatite synthesized by hydrothermal method[J]. Ceramics International, 2003, 29: 629-633.

[20] Liu Y C, Ren F, Shen S H, et al. Vacancy-doped homojunction structural TiO$_2$ nanorod photo-electrodes with greatly enhanced photoelectrochemical activity[J]. International Journal of Hydrogen Energy, 2018, 43: 2057-2063.

[21] Wang X, Xia R, Muhire E, et al. Highly enhanced photocatalytic performance of TiO$_2$ nanosheets through constructing TiO$_2$/TiO$_2$ quantum dots homojunction[J]. Applied Surface Science, 2018, 459: 9-15.

[22] Kalanur S S, Noh Y G, Seo H. Engineering band edge properties of WO$_3$ with respect to photo-electrochemical water splitting potentials via a generalized doping protocol of first-row transition metal ions[J]. Applied Surface Science, 2020, 509: 145253.

[23] Li F, Li J, Li F W, et al. Facile regrowth of Mg-Fe$_2$O$_3$/P-Fe$_2$O$_3$ homojunction photoelectrode for efficient solar water oxidation[J]. Journal of Materials Chemistry A, 2018, 6: 13412-13418.

[24] Song H, Li Y G, Lou Z R, et al. Synthesis of Fe-doped WO$_3$ nanostructures with high visible-light-driven photocatalytic activities [J]. Applied Catalysis B: Environmental, 2015, 166: 112-120.

[25] Zhang L, Man Y, Zhu Y. Effects of Mo replacement on the structure and visible-light-induced photocatalytic performances of Bi$_2$WO$_6$ photocatalyst[J]. ACS Catalysis, 2011, 1: 841-848.

[26] He Z, Fu J, Cheng B, et al. Cu$_2$(OH)$_2$CO$_3$ clusters: Novel noble-metal-free cocatalysts for efficient photocatalytic hydrogen production from water splitting[J]. Applied Catalysis B: Environmental, 2017, 205: 104-111.

[27] Tamirat A G, Su W N, Dubale A A, et al. Photoelectrochemical water splitting at low applied potential using a NiOOH coated codoped (Sn, Zr) α-Fe$_2$O$_3$ photoanode[J]. Journal of Materials Chemistry A, 2015, 3: 5949-5961.

[28] Luo J, Ma L, He T, et al. TiO$_2$/(CdS, CdSe, CdSeS) nanorod heterostructures and photoelectrochemical properties[J]. The Journal of Physical Chemistry C, 2012, 116: 11956-11963.

[29] Glemser O, Naumann C. Kristallisierte wolframblauverbindungen; wasserstoffanaloga der wolframbronzen H$_x$WO$_3$[J]. Zeitschrift Füranorganische Chemie, 1951, 265: 288-302.

[30] Liu Y, Yang Y H, Liu Q L, et al. Films of WO$_3$ plate-like arrays with oxygen vacancies propor-

tionally controlled via rapid chemical reduction[J]. International Journal of Hydrogen Energy, 2018, 43: 208-218.

[31] Li Y S, Tang Z L, Zhang J Y, et al. Defect engineering of air-treated WO_3 and its enhanced visible-light-driven photocatalytic and electrochemical performance[J]. The Journal of Physical Chemistry C, 2016, 120: 9750-9763.

[32] Wang G M, Ling Y C, Wang H Y, et al. Hydrogen-treated WO_3 nanoflakes show enhanced photostability[J]. Energy & Environmental Science, 2012, 5: 6180-6187.

[33] Ling Y, Wang G, Wheeler D A, et al. Sn-doped hematite nanostructures for photoelectrochemical water splitting[J]. Nano Letters, 2011, 11: 2119-2125.

[34] Chen Y, Wang L, Gao R J, et al. Polarization-enhanced direct Z-scheme ZnO-WO_{3-x} nanorod arrays for efficient piezoelectric-photoelectrochemical water splitting[J]. Applied Catalysis B: Environmental, 2019, 259: 118079.

[35] Liu Y, Yang Y H, Liu Q, et al. The role of water in reducing WO_3 film by hydrogen: Controlling the concentration of oxygen vacancies and improving the photoelectrochemical performance[J]. Journal of Colloid and Interface Science, 2018, 512: 86-95.

[36] Paik T, Cargnello M, Gordon T R, et al. Photocatalytic hydrogen evolution from substoichiometric colloidal WO_{3-x} nanowires[J]. ACS Energy Letters, 2018, 3: 1904-1910.

[37] Naldoni A, Allieta M, Santangelo S, et al. Effect of nature and location of defects on bandgap narrowing in black TiO_2 nanoparticles[J]. Journal of the American Chemical Society, 2012, 134: 7600-7603.

[38] Zhang N, Li X Y, Ye H C, et al. Oxide defect engineering enables to couple solar energy into oxygen activation[J]. Journal of the American Chemical Society, 2016, 138: 8928-8935.

[39] Naldoni A, Allieta M, Santangelo S, et al. Effect of nature and location of defects on bandgap narrowing in black TiO_2 nanoparticles[J]. Journal of the American Chemical Society, 2012, 134: 7600-7603.

[40] 徐涛. 氧化钨基异质结和氧缺陷结构的构筑及其应用研究[D]. 郑州: 郑州大学, 2017.

[41] 陈军. 缺陷氧化钨和氧化钨基异质结构的构筑及其应用研究[D]. 郑州: 郑州大学, 2019.

[42] Luo Z B, Li C C, Liu S S, et al. Gradient doping of phosphorus in Fe_2O_3 nanoarray photoanodes for enhanced charge separation[J]. Chemical Science, 2017, 8: 91-100.

第5章 氧化铁基光电极构筑及光电催化性能研究

5.1 引言

氧化铁(Fe_2O_3)是自然界中储量丰富的氧化物,根据其晶型、价态和结构等的不同,氧化铁包括(α,β,γ)-Fe_2O_3、Fe_3O_4和FeO等,且这些氧化物大多具有良好的物理化学性能,是人们研究和开发的重点。α-Fe_2O_3作为一种可见光响应的n型半导体材料,其禁带宽度在1.9~2.2 eV之间,可以吸收全部的紫外光和大部分可见光,在碱性和中性环境化学稳定性和光稳定性好,太阳光转化产氢效率理论值可高达16%,已成为一种极具应用前景的光电催化分解水半导体光阳极材料。但由于其导电性差、光生载流子复合效率高等因素的限制,使其实际太阳光转化产氢效率达不到理论值。Peerakiatkhajohn 等报道经 Ag 纳米颗粒和 Co-Pi 助催化剂改性后的 α-Fe_2O_3光电流达到了4.68 mA/cm^2(1.23 V vs RHE),太阳能转化产氢效率只有0.55%,因此,对 α-Fe_2O_3太阳能转化产氢效率的提高和性能的改善依旧需要丰富的研究工作。目前 α-Fe_2O_3光电极的改性主要包括元素掺杂、形貌控制、纳米复合结构设计及负载助催化剂等。

本章重点介绍 α-Fe_2O_3光电极的形貌调控、离子梯度掺杂改性及同质结电极的构筑,并分析了其光电催化分解水性能及相关机制。

5.2 不同形貌 α-Fe_2O_3 的制备及光电性能研究

5.2.1 α-Fe_2O_3的形貌及物相表征

图 5-1 为不同形貌 α-Fe_2O_3 的正面和侧面扫描电镜图。由图 5-1(a)可知,

以氯盐和硝酸盐为原料制备的样品为纳米棒状的 Fe_2O_3(Fe_2O_3 NRs)，纳米棒垂直于 FTO 基底的方向生长，直径为 50~80nm，厚度约为 690nm。但是以硫酸盐为原料制备的样品为纳米颗粒状的 Fe_2O_3(Fe_2O_3 NPs)，颗粒的直径在 70nm 左右，厚度约为 700nm。在 Fe_2O_3 NRs 的制备过程中，氯盐和硝酸盐的浓度高且离子强度大，并利用 HCl 将溶液 pH 调至 1.5。根据金属氧化物的表面酸碱性质，通过降低(或增加)零电荷点时沉淀物的 pH 值可以通过吸附(或解吸)质子来增加表面电荷密度，从而降低系统的界面张力。此外，高的离子强度会通过屏蔽界面的静电斥力来增加表面电荷密度，使更多的表面活性位点增加，从而进一步降低系统的界面张力。界面张力的降低使热力学达到稳定，大大削弱了晶体的成熟过程，从而避免晶体成熟和相(甚至形貌)的转变，例如，在 FeOOH 与 Fe_2O_3 的相变过程中，往往伴随着棒状颗粒向球状颗粒的形态转变。因此当我们选择以硫酸盐为原料时，溶液中离子强度并不高且对溶液的 pH 值没有起到调节作用，在水热反应时晶体更易成熟，从而形成球状颗粒的 Fe_2O_3。从晶体生长过程的角度来理解，晶体的相变往往是通过溶解—再结晶的过程进行的，以使体系的能量最小化。当一种物质具有几个同素异形相时，通过物质的成核动力学可知，通常是稳定性最低、溶解度最高的相最先析出。例如在一定的过饱和度下，体系的界面张力越小，晶体的尺寸越小，成核速度越快。根据奥斯特瓦尔德步稀释定律，由于溶解度与界面张力成反比，因此溶解度最高的相即亚稳相 FeOOH 会最先析出。

因此，制备前驱体溶液时选用离子强度高的氯盐和硝酸盐以及用 HCl 将溶液 pH 调至 1.5，则容易获得带电荷的高度各向异性的 FeOOH 纳米棒颗粒，相反则得到了 Fe_2O_3 纳米颗粒。在水热过程中，由于晶粒与 FTO 玻璃衬底之间的界面能小于晶粒与溶液之间的界面能。所以晶粒更容易在玻璃衬底上进行成核生长。当前驱体溶液的浓度足够高时，晶体将沿着易于成核的方向进行外延生长，生成垂直于衬底方向的单晶纳米棒。得到的 FeOOH 纳米棒在退火过程完全氧化成为 α-Fe_2O_3 纳米棒。其反应方程式如下：

$$Fe^{3+}+2H_2O \longrightarrow FeOOH+3H^+ \tag{5-1}$$

$$4FeOOH \longrightarrow 2Fe_2O_3+2H_2O(退火处理) \tag{5-2}$$

图 5-2 为 α-Fe_2O_3 NRs 和 α-Fe_2O_3 NRs 的 XRD 图谱。在 2θ 值分别为 35.6° 和 63.9° 处的两个明显的衍射峰分别对应 α-Fe_2O_3 的(110)和(300)晶面。(110) 晶面的衍射峰强度很高，说明晶体沿着(110)取向择优生长。对于 α-Fe_2O_3 NPs，衍射峰的位置几乎与 α-Fe_2O_3 NRs 完全相同，说明两者的晶相并无差异。然而，

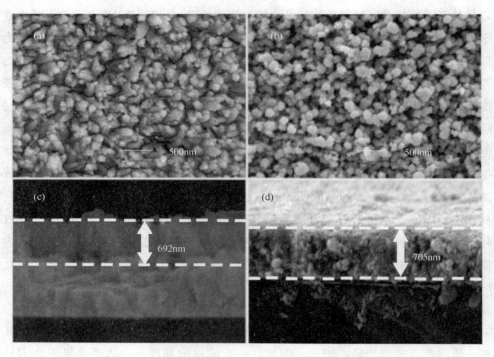

图 5-1 不同形貌 α-Fe₂O₃ 的正面及侧面扫描电镜图片

(a)(c)为 α-Fe₂O₃ NRs；(b)(d)为 α-Fe₂O₃ NPs

从图中也可清晰看到 α-Fe$_2$O$_3$ NPs 在(110)和(300)的特征衍射峰强度很明显的小于 α-Fe$_2$O$_3$ NRs 的特征衍射峰，峰值的高低可以反映出物质的结晶效果，同时说明了纳米颗粒的结晶度较低，反映了 α-Fe$_2$O$_3$ NRs 和 α-Fe$_2$O$_3$ NPs 不同形貌的差异性。

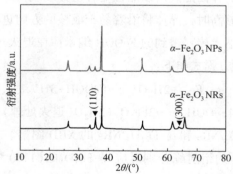

图 5-2　α-Fe$_2$O$_3$ NRs 与 α-Fe$_2$O$_3$ NPs 的 XRD 图

底部为 FTO 主要成分 SnO$_2$(JCPDS 46-1088)和 Fe$_2$O$_3$(JCPDS 33-0664)的标准衍射峰

5.2.2 不同形貌 α-Fe$_2$O$_3$ 的光电性能研究

图 5-3 为 α-Fe$_2$O$_3$ NRs 与 α-Fe$_2$O$_3$ NPs 的电流电压图。从图中可看出，α-Fe$_2$O$_3$ NRs 与 α-Fe$_2$O$_3$ NPs 的光电流密度分别为 0.06mA/cm^2、0.04mA/cm^2（1.23V vs RHE）。这种差异是由于致密和团聚的纳米颗粒在界面处的缺陷多，增加了载流子的复合，阻碍了载流子的传输而降低了 α-Fe$_2$O$_3$ 的光电流密度。但是对于垂直的一维纳米棒，由于大量的表面暴露在外部，增加了光生空穴的扩散距离且有利于空穴传输进入半导体/电解质界面，从而改善了 α-Fe$_2$O$_3$ 的 PEC 性能。

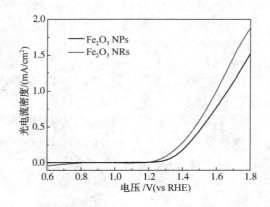

图 5-3　α-Fe$_2$O$_3$ NRs 与 α-Fe$_2$O$_3$ NPs 的电流电压图

5.3　Sn，Zr 双轴梯度掺杂 α-Fe$_2$O$_3$ 的表征及光电性能研究

5.3.1　Sn，Zr 双轴梯度掺杂 α-Fe$_2$O$_3$ 的形貌及物相表征

α-Fe$_2$O$_3$ 纳米棒光电极表现出了优异的光电催化分解水性能，在此基础上，我们采用 Sn，Zr 双轴梯度掺杂的方法对其进行改性，进一步研究了其晶体结构和光电催化分解水性能。

图 5-4 分别为单一的 α-Fe$_2$O$_3$、Sn 单轴梯度掺杂 Fe$_2$O$_3$（GD-Sn）、Sn，Zr 双轴梯度掺杂 Fe$_2$O$_3$（GD-Sn，Zr）以及 Zr 均匀掺杂 Fe$_2$O$_3$（UD-Zr）的正面和侧

面的扫描电镜图。Fe_2O_3 薄膜在 750℃下退火 30min 使 FTO 基底中的 Sn 元素扩散至 Fe_2O_3 体相中，如图 5-4(b)所示，Sn 掺杂后 Fe_2O_3 纳米棒的尺寸和形状没有明显的改变。图 5-4(c)是 Zr 均匀掺杂 Fe_2O_3 的电镜图，长时间的高温热处理使 Fe_2O_3 纳米棒的平均直径略有增加，但长度减小。从侧面的 SEM 可看到垂直生长的纳米棒结构有些坍塌。图 5-4(d)是 GD-Sn，Zr 的电镜图，从放大倍数的 SEM 图像中可以清楚地看到，纳米棒表面变得粗糙，这可能是因为在第二次短时间的水热过程中，大量的微小纳米棒在原本纳米棒阵列的基础上生长。

图 5-4 Fe_2O_3(550℃)、GD-Sn(750℃，10min)、GD-Sn，Zr
(750℃，10min)和 UD-Zr(750℃，30min)的正面及侧面扫描电镜照片

为了证实生成产物的物相结构，对所制备样品进行了 XRD 测定。图 5-5 所示为 α-Fe_2O_3 系列样品的 XRD 图谱。样品的衍射峰与标准 α-Fe_2O_3(JCPDS 33-0664)的衍射峰相吻合，并且没有出现其他的衍射峰。说明 Sn 和 Zr 的掺杂并不影响 α-Fe_2O_3 的晶相。在 2θ 值分别为 35.6°和 63.9°处的两个明显的衍射峰分别对应 α-Fe_2O_3 的(110)和(300)晶面。与此同时，尖锐的(110)晶面的衍射峰表明了 α-Fe_2O_3 纳米棒在 FTO 衬底上沿(110)方向进行择优的生长。通过对比 GD-Sn、GD-Sn，Zr 和 α-Fe_2O_3 的衍射峰强度，我们发现 GD-Sn 和 GD-Sn，Zr 的(110)衍射峰强度明显高于单纯的 α-Fe_2O_3 的(110)衍射峰，这可能是因为高温退火使得晶体的结晶度有所提高。

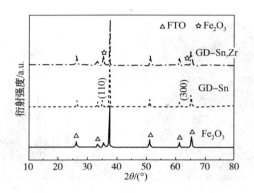

图 5-5　Fe_2O_3基光电极的 XRD 图

为了表征 Sn 元素的梯度浓度，我们采用 EDS 线扫描方法确定了 GD-Sn，Zr Fe_2O_3 NRAs 截面的元素分布，如图 5-6 所示。从纳米棒底部到顶部，Sn 元素的浓度逐渐减少，证明了高温退火使 FTO 中的 Sn 元素成功扩散至了 Fe_2O_3 的体相中，并实现了梯度掺杂。另外，O、Zr 元素的浓度并没有发生变化，但值得注意的是，Fe 元素的浓度趋势与 Sn 正好相反，随着 Sn 浓度的减少，Fe 浓度逐渐增加。这说明 Sn 的掺杂使 Sn^{4+} 离子取代了 Fe_2O_3 晶格中的 Fe^{3+} 位点。

图 5-7 所示为 GD-Sn，Zr Fe_2O_3 NRAs 的透射电镜图片。如图 5-7(a)所示，GD-Sn，Zr Fe_2O_3 NRAs 的形貌与 SEM 图像保持一致，都是直径在 70nm 左右的纳米棒，且表面粗糙。图 5-7(b)是图 5-7(a)图中对应区域的 HRTEM 图像中，可以看到样品具有清晰、连续的晶格条纹，表明了所制备样品的单晶性质。经测定晶格间距为 0.250nm，与 α-Fe_2O_3(110)晶面相对应，这个结果与 XRD 图中 Fe_2O_3 的(110)晶面衍射峰强度高相一致，进一步证明 Sn，Zr 的双轴梯度掺杂。我们利用 EDX 能谱测定了图 5-7(c)中沿虚线的 Zr 和 Sn 元素的浓度变化。如图 5-7(d)、图 5-7(e)所示，Zr 元素从 1 至 5 的位置，浓度值先降低后升高，在 Fe_2O_3 纳米棒表面的含量大于 1.0 原子百分比，而在体相中 Zr 元素的含量下降到 0.3 原子百分比。同时，沿 Y 轴方向的 Sn 元素浓度从纳米棒的底部到顶端缓慢增加。基于此，我们证明了 GD-Sn，Zr Fe_2O_3 NRAs 中 Sn 和 Zr 元素的确呈现双轴的梯度掺杂。

图 5-8 所示为 GD-Sn，Zr Fe_2O_3 NRAs 的 XPS 图谱，进一步确认了 GD-Sn，Zr Fe_2O_3 NRAs 的表面元素组成。从图 5-8(a)可以看出，Fe $2p_{3/2}$(711.0eV)和 Fe $2p_{1/2}$(724.9eV)的结合能与 α-Fe_2O_3 中的 Fe^{3+} 的标准值相吻合。同时，在 719.1eV 附近出现的卫星峰值可能是由于纳米棒表面存在 Fe^{3+}，且在 715.1eV 和 730.0eV

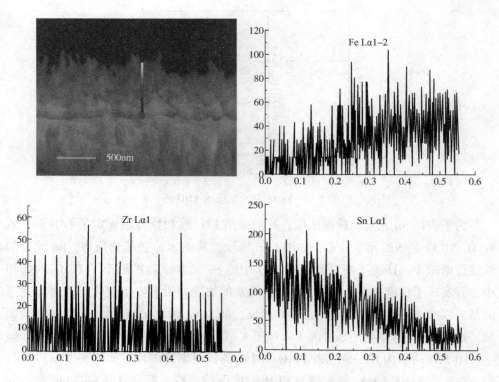

图 5-6　GD-Sn，Zr Fe$_2$O$_3$ NRAs 的 SEM 侧面图和 EDS 线扫描图谱

处都没有出现 Fe^{2+}的卫星峰进一步证实了以上结果。图 5-8(b)为 O 1s 的峰，在 529.9eV 和 531.8eV 处分出的双峰分别对应 Fe$_2$O$_3$ 晶格中的氧和样品表面吸收的 H$_2$O。在图 5-8(c)中，Sn 3d 的结合能为 486.5eV，处于 SnO$_2$(486.6eV)和金属 Sn(484.6eV)的结合能之间，这表明 Sn^{4+}成功扩散至了氧化铁体相中。此外，图 5-8(d)为 Zr 3d 的 XPS 谱，Zr 3d$_{5/2}$ 和 Zr 3d$_{3/2}$ 的峰分别位于 182.3eV 和 184.8eV，对应于 Zr 的最高氧化态 Zr^{4+}。

5.3.2　Sn，Zr 双轴梯度掺杂 α-Fe$_2$O$_3$ 的光电性能研究

图 5-9(a)为所制备样品的紫外-可见光吸收光谱，以表征所制备样品的光学性能。如图所示，单一 Fe$_2$O$_3$ 薄膜的吸收边位于 580nm 处，在紫外、可见光区域都有着相对较强的光吸收强度，在 PEC 分解水过程中能够利用足够的光子产生电子-空穴对，证明了 Fe$_2$O$_3$ 优异的光学性能。在掺杂 Sn 和 Zr 之后，样品的吸收边均产生了微小的红移。此外，对比 GD-Sn 和 GD-Sn，Zr，发现其吸收边并无

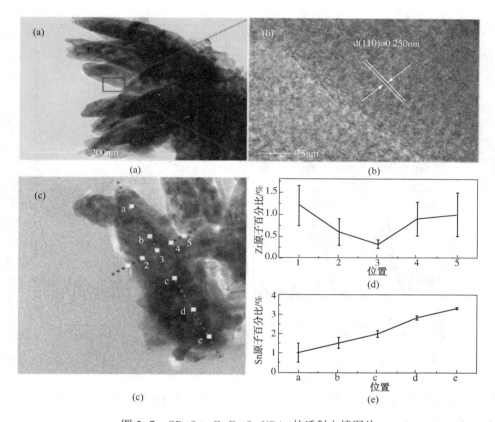

图 5-7 GD-Sn，Zr Fe$_2$O$_3$ NRAs 的透射电镜图片

(a)透射电镜图片；(b)高倍透射电镜图像；(c)GD-Sn，Zr Fe$_2$O$_3$ NRAs 单一纳米棒的透射

电镜图像；(d)利用 EDX 能谱测定的沿 X 轴 Zr 元素的浓度变化曲线；(e)利用 EDX

能谱测定的沿 Y 轴 Sn 元素的浓度变化曲线

明显差异，表明产生红移的原因主要是由于 Sn 的掺杂而非 Zr 的掺杂。这主要是因为 Sn 的掺杂在 Fe$_2$O$_3$ 带隙中直接引入了一个掺杂能级，有利于样品光学性质的提高。由于 Fe$_2$O$_3$ 的光学性质主要取决于电子的间接跃迁，为了直观对比四种光阳极的禁带宽度变化，我们通过以下公式获得了样品的禁带宽度：

$$(\alpha h\nu)^n = A(h\nu - Eg) \tag{5-3}$$

式中，α、h 和 ν 分别为吸光系数、普朗克常数和频率；$h\nu$ 为入射光强度；A 为常数；Eg 为所求的禁带宽度；间接带隙和直接带隙半导体的 n 值分别为 1/2 和 2。

Fe$_2$O$_3$ 属于间接带隙半导体。

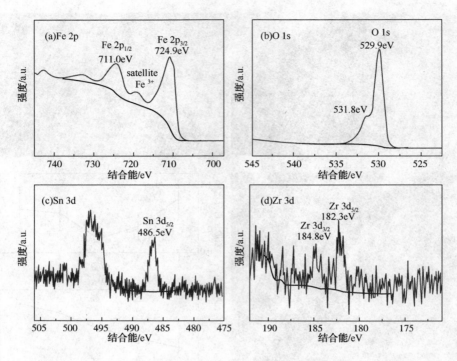

图 5-8 GD-Sn, Zr Fe$_2$O$_3$ NRAs 的 XPS 图谱

如图 5-9(b)所示,单一 Fe$_2$O$_3$ 的禁带宽度为 2.15eV,与文献报道相一致。GD-Sn、GD-Sn,Zr 和 UD-Zr 的禁带宽度为 2.07eV。

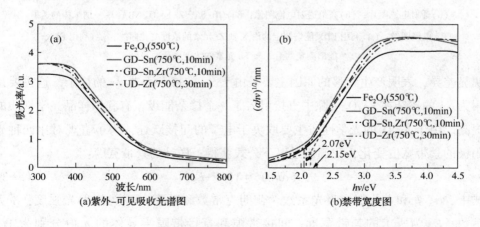

(a)紫外-可见吸收光谱图   (b)禁带宽度图

图 5-9 Fe$_2$O$_3$基光电极的紫外-可见吸收光谱图和禁带宽度图

样品的光电催化性能采用标准三电极体系进行测试,电解液为 1.0M NaOH

溶液。首先，为确定 Fe_2O_3、GD-Sn、GD-Sn、Zr 和 UD-Zr 薄膜半导体的性质，测试了样品的莫特-肖特基曲线(M-S)，该计算基于以下方程：

$$\frac{1}{C^2} = \frac{2}{\varepsilon\varepsilon_0 A^2 e N_D}\left(V - V_{fb} - \frac{K_B T}{e}\right) \tag{5-4}$$

式中，C 为半导体的空间电荷层电容；ε 为赤铁矿的相对介电常数；ε_0 为真空的介电常数；A 为光电极的活性区；N_D 为载流子浓度；V、V_{fb} 为外加电压和平带电压；E 为单电子电荷；T 为温度；K_B 为玻尔兹曼常数。

如图 5-10 所示，所有样品的 M-S 曲线斜率均为正值，证明了我们所制得的样品均为 n 型半导体，同时说明 Sn 和 Zr 元素都属于 n 型掺杂剂。此外，M-S曲线的斜率与光电极中载流子浓度有关，对载流子分离效率有显著影响。由图可知，GD-Sn、GD-Sn，Zr 和 UD-Zr 的斜率明显小于单一 Fe_2O_3 的斜率，说明 Sn 和 Zr 的掺杂提高了 Fe_2O_3 中载流子浓度。平带电位的值是莫特-肖特基曲线的斜率与 X 轴的切线，从图可得单一 Fe_2O_3 的平带电位约为 0.40V(vs RHE)，掺杂之后的样品平带电位有较小的负移，这与掺杂引起费米能级的偏移有关。

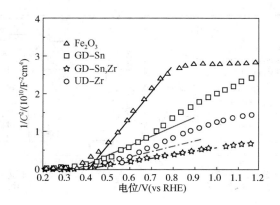

图 5-10　Fe_2O_3 基光电极的莫特-肖特基曲线

图 5-11 为 Fe_2O_3 基光阳极的线性扫描伏安曲线(LSV)和恒电位电流时间曲线。如图 5-11(a)所示，单一 Fe_2O_3 的光电流密度只有 $0.06mA/cm^2$(1.23V vs RHE)，而在 750℃下处理 10min 后，GD-Sn 的光电流密度增加了 6 倍($0.44mA/cm^2$，1.23V vs RHE)。根据上文扫描电镜和紫外-可见光图谱的分析可知，所有样品具有相似的形貌和光学特性，虽然 Sn 的掺杂使得吸收边产生了红移，但程

度很小，基本上可以排除形貌和吸光性能对样品光电性能的影响。因此，Fe_2O_3 与 GD-Sn 之间增强的光电流密度主要是因为 Sn 的掺杂使 Fe_2O_3 载流子浓度增大，导电性增强。更重要的是，在 Y 轴方向上，不同浓度的 Sn 元素的分布能够加快光生电子传输到集流体，从而促进载流子的分离，提高样品的光电催化活性。在图 5-11（a）中还发现，GD-Sn，Zr 的光电流密度在四种样品中居最高值（$1.64mA/cm^2$，1.23V vs RHE），是单一 Fe_2O_3 的 27.3 倍。在 Zr 的梯度掺杂后，每个 Zr 原子都能向 Fe_2O_3 提供一个电子，即一个 Zr^{4+} 取代一个 Fe^{3+} 形成 Zr^{3+} 和 Fe^{2+}，从而提高了 Fe_2O_3 中载流子浓度。Liao 等人根据量子力学从头计算法得知，由于 n 型掺杂剂锆中 Zr^{3+} 具有较高的不稳定性，其不能作为电子俘获位点，因此可以提供更多的载流子而不影响电子本来的传输路径。除此之外，我们发现，GD-Sn，Zr 的光电流密度比 UD-Zr（$1.00mA/cm^2$，1.23V vs RHE）的光电流值大。在实验中排除高温热处理对 FTO 基底电阻率的影响，表明 X 轴向的 Zr 梯度掺杂能够极大地提升样品的光电性能。这主要是因为梯度掺杂增加了空间电荷层的电场，并且加大了半导体/电解质界面处的能带弯曲，从而有效地促进了载流子的分离和转移。

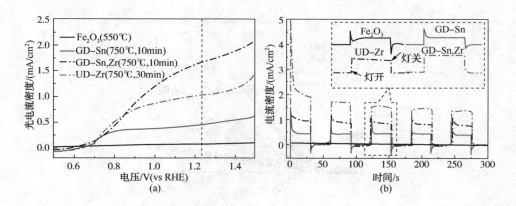

图 5-11 Fe_2O_3 基光阳极的电流电压图（a）和恒电位电流时间图（b）

图 5-11（b）为样品在 1.23V vs RHE 下所测量的恒电位电流密度-时间曲线，分别控制光源的开关（30s 为一个循环周期）从而对产物进行光响应测试。所有的光阳极从灯开状态变换到灯关状态时都出现一个尖锐的峰，然后快速恢复到一个稳定的值，这表明了样品具有良好的光响应性。插图放大了 $I-T$ 曲线的尖峰，用来研究载流子的复合行为。研究表明，$I-T$ 曲线中，峰越尖则说明电极中载流子

复合得越快，而在灯开时出现的峰表示半导体/电解质界面上空穴的积累，灯关时的峰则代表电子的反向复合。从图可知，单一 Fe_2O_3 的峰最大最尖，说明了 Fe_2O_3 析氧动力学缓慢。而在 Sn 和 Zr 双轴梯度掺杂后，几乎没有出现峰，证明了双轴梯度掺杂有效地抑制了电子-空穴对复合。

为了直接地证明梯度掺杂对光阳极性能的影响，我们在 1.0M NaOH 电解液中加入了 0.5M H_2O_2 空穴牺牲剂测定了所制备样品的表面（$\eta_{surface}$）和体相（η_{bulk}）电荷分离效率。计算过程如下。

首先，样品在 1.0M NaOH 中的光电流可以由以下公式计算得到：

$$J_{H_2O} = J_{abs} \times \eta_{bulk} \times \eta_{surface} \tag{5-5}$$

式中，J_{H_2O} 为测量的光电流密度；J_{abs} 为以光电流密度表示的光子吸收（假定光电流为 100% APCE）。

当在电解液中加入 0.5M H_2O_2 空穴牺牲剂后，体系中析氧动力学非常快，因此在不影响体相电荷分离的情况下，很大程度上抑制了载流子的表面复合，此时，$\eta_{surface}$ 可以被认为是 100%。因此，在电解液中存在 H_2O_2 下，光电流密度的公式变为：

$$J_{H_2O_2} = J_{abs} \times \eta_{bulk} \tag{5-6}$$

因此，表面（$\eta_{surface}$）和体相（η_{bulk}）电荷分离效率的计算公式为：

$$\eta_{bulk} = J_{H_2O_2} / J_{abs} \tag{5-7}$$

$$\eta_{surface} = J_{H_2O} / J_{H_2O_2} \tag{5-8}$$

图 5-12 所示为 Fe_2O_3 基光阳极的体相电荷分离效率和表面电荷分离效率。GD-Sn 和 GD-Sn，Zr 在 1.23V vs RHE 下的 η_{bulk} 分别为 12.81% 和 28.66%，明显高于单一 Fe_2O_3 的值（2.85%）。这意味着在 Fe_2O_3 中掺杂 Sn 和 Zr 可以有效地提高导电率，从而提高 Fe_2O_3 体相的电荷分离率。此外，GD-Sn，Zr 的 η_{bulk} 也高于 UD-Zr（22.96%），这表明沿 Fe_2O_3 纳米棒的 X 轴方向的 Zr 梯度掺杂能够有效地促进体相中电荷的分离。图 5-12（b）是样品的表面电荷分离效率，单一 Fe_2O_3、GD-Sn、GD-Sn，Zr 和 UD-Zr 的 $\eta_{surface}$ 分别显示为 37.38%、55.20%、74.48% 和 69.13%（1.23V vs RHE）。这个结果说明，在四种光阳极中，单一 Fe_2O_3 的表面电荷分离效率最低，说明氧化铁表面电荷复合严重，以及高密度的表面态和界面势垒造成表面析氧动力学缓慢。而 Sn 和 Zr 的掺杂后，Sn^{4+} 和 Zr^{4+} 掺杂进入 Fe_2O_3 晶

格之后，提高了薄膜的导电性，极大地促进 Fe_2O_3 的电荷分离效率并且降低了电子和空穴的复合。值得注意的是，对比 GD-Sn，Zr 和 UD-Zr 的表面和体相分离效率，我们发现，GD-Sn，Zr 和 UD-Zr 的表面分离效率相似但体相分离效率明显高于 UD-Zr。这正说明了 X 轴向 Zr 的梯度掺杂能有效地促进体相内电荷分离，但对表面电荷分离的影响不大，主要是因为表面处的 GD-Sn，Zr 和 UD-Zr 的 Zr 浓度相似，而梯度掺杂增加了空间电荷层的电场，并且加大了能带弯曲，从而有效地促进了载流子的分离和转移。

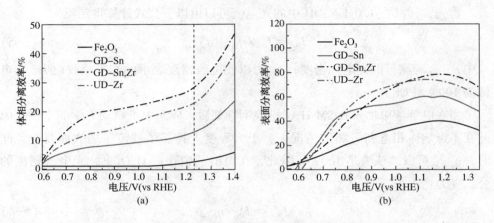

图 5-12 Fe_2O_3 基光阳极的体相电荷分离效率(a)和表面电荷分离效率(b)

图 5-13 所示为 Fe_2O_3 基光阳极的入射光光电转换效率和电化学阻抗谱。如图 5-13(a)所示，Fe_2O_3、GD-Sn、GD-Sn，Zr 和 UD-Zr 在可见光区的最大 IPCE 值分别为 0.99%、9.55%、34.00% 和 22.23%。GD-Sn，Zr 光阳极具有最高的 IPCE 值。结合紫外-可见光光谱，所有样品都具有相似的光学特性，表明 IPCE 的增强主要与载流子分离和运输的增强有关。因此，Sn 和 Zr 双轴梯度掺杂提高了载流子的浓度，且能够增加空间电荷层的电场和半导体/电解质界面处的能带弯曲，从而抑制光生载流子的复合，提高了 Fe_2O_3 光电转化效率。在电化学阻抗图[图 5-13(b)]中，光电极体系的阻抗值越大，其对应的阻抗曲线半径也就越大。从图中可以明显看出，GD-Sn，Zr 光阳极的半径比其他三种光阳极都小得多，说明它的电荷转移电阻较小。也就是说，在界面间的电荷转移速率很快，有利于光生电子-空穴的分离，证实了 Sn，Zr 双轴梯度掺杂对 Fe_2O_3 光电性能的促进作用。

基于上述结果分析，我们提出了 Fe_2O_3 基光阳极的能带弯曲示意图，如

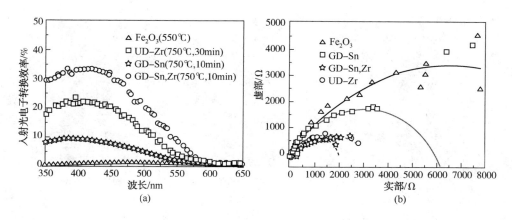

图 5-13　Fe₂O₃基光阳极的光电转换效率(a)和电化学阻抗谱图(b)

图 5-14 所示。图中上、下箭头分别表示电荷的传输和复合，虚线和实线分别代表着不同的电荷转移和复合速率，虚线代表较慢的电荷转移速率和更高的电荷复合速率。与单一的 Fe₂O₃ 相比，Zr 和 Sn 作为电子供体使载流子浓度增加并且增强了导电性，且梯度掺杂扩大了半导体/电解质界面处的能带弯曲区域，从而提高了光阳极的电子-空穴分离效率和光电催化效率。同时，我们分别研究了 X 轴和 Y 轴的 Zr 和 Sn 各自的梯度掺杂机理。首先，对于 X 轴上 Zr 的梯度掺杂，Kumar 等曾报道较高浓度的 Zr 掺杂可以减小损耗层的宽度，当浓度达到最大值时，它还将提供更多的缺陷散射/复合特性，从而抑制电荷分离。因此，在 Fe₂O₃ 中掺杂适量的 Zr 可以增加载流子浓度，而载流子浓度的增加可以使半导体/电解质界面处的能带弯曲加大。与在均匀掺杂[图 5-14(b)]相比，梯度掺杂[图 5-14(c)]使 Zr 的含量从纳米棒表面逐渐向内部进行递减，加大了能带弯曲的程度，从而形成扩大了能带弯曲区域。研究表明，梯度掺杂造成的能带弯曲区域的电场显著增强，且在该电场中空穴的扩散长度也得到增加。因此，X 轴上 Zr 的梯度掺杂可以有效地加速了电荷分离，提高光电催化效率。而沿着 Y 轴梯度掺杂的 Sn，在增加载流子浓度的同时，降低 Fe₂O₃ 表面陷阱态，加快光生电子传输到集流体，从而进一步促进电荷分离，减少电荷复合。综上所述，在 GD-Sn，Zr Fe₂O₃ NRAs 中，在可见光照射下，X 轴向 Zr 梯度掺杂和 Y 轴向 Sn 梯度掺杂的共掺杂不仅引入了额外的电子来提高导电性和载流子浓度，同时能够有效地促进电荷的分离和传输，改善 Fe₂O₃ NRAs 的 PEC 性能。

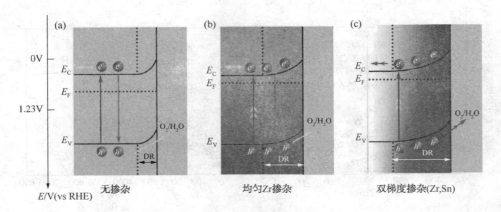

图 5-14　Fe$_2$O$_3$基光阳极的能带弯曲示意图

（a）为 Fe$_2$O$_3$；（b）为 UD-Zr；（c）为 GD-Sn，Zr；E_F 是相对于导电

带（E_C）和价带（E_V）的费米能级；DR 是损耗层

5.4　Ca 掺杂 α-Fe$_2$O$_3$ 同质结对光生载流子的分离调控及光电性能研究

在 α-Fe$_2$O$_3$的研究过程当中，提高光生载流子的分离效率和传输速率是一大研究热点。近年来，人们发现通过构筑异质结结构，将不同的半导体材料整合成一个单一的光电极，可以有效提高材料的电荷分离效率。但是不管是构筑 I 型异质结还是 II 型异质结，都会引入新的表面，产生大量的缺陷，这些缺陷会作为复合中心导致载流子的复合。因此，在构筑异质结提高 α-Fe$_2$O$_3$光生载流子的分离效率和传输速率的同时考虑减少界面来降低载流子的复合，是提高 α-Fe$_2$O$_3$光电化学催化活性的有效途径。

α-Fe$_2$O$_3$的元素掺杂可以分为 n 型掺杂和 p 型掺杂两种，当采用 p 型进行掺杂时，可以使 Fe$_2$O$_3$的导电性质发生 n-p 型的转换。目前已被研究的 p 型掺杂剂主要有 Mg^{2+}、Zn^{2+}和 Cu^{2+}等，另外一些非金属掺杂例如 N^{3-}，也可以得到 p 型的 α-Fe$_2$O$_3$。Sekizawa 等报道，N 和 Zn 共掺杂的 Fe$_2$O$_3$在水氧化反应中表现出较高的阴极光电流，且较单一 Fe$_2$O$_3$能带位置升高。这种改变主要是由于 N 和 Zn 的共掺杂引起了表面偶极矩从而使能带位置负移。研究表明，N 和 Zn 共掺杂的 p 型 Fe$_2$O$_3$的最小导带位置超过了水分解产氢的标准电极电位。因此，我们可以采用 p 型掺杂得到 p 型 Fe$_2$O$_3$，将其与单一的 Fe$_2$O$_3$耦合形成半导体构成 p-n 同质结促进载流子的分离。与常见的异质结相比，这种同质结无界面应变且晶格匹配程度高可以降低界面处的缺陷，这种策略已经被人们在氧化亚铜的研究中证实。Wang 等制备了 Cu_2O p-n 同质结，与异质肖特基结相比，该同质结大大增强了内建电场，从而实现了有效的电荷分离，其光电流密度达到了 $4.30mA/cm^2$（0V vs RHE），接近了之前报道的 Cu_2O 光电流的最高值。

5.4.1 Ca-Fe$_2$O$_3$/Fe$_2$O$_3$同质结的表征及光电性能研究

1. Ca-Fe$_2$O$_3$/Fe$_2$O$_3$同质结的形貌及物相表征

图 5-15 所示为单一 Fe_2O_3、Ca 掺杂 Fe_2O_3（Ca-Fe_2O_3）的正面和 Ca-Fe_2O_3/Fe_2O_3同质结的正面与侧面的扫描电镜照片。从图中可以看出，单一 Fe_2O_3 纳米棒的直径在 70nm 左右。而 Ca 掺杂后，形貌尺寸都没有发生大的改变。从 Ca-Fe_2O_3/Fe_2O_3同质结的照片中得知，在第二次水热过程中，以原本的 Fe_2O_3 纳米棒为基础长出了很多树突状的小纳米棒，这是由于第二次水热的时间仅为第一次水热时间的一半，因此 Ca-Fe_2O_3 纳米棒的尺寸很小，直径仅为 20~30nm，由此形成了三维树突状的纳米棒形貌（BNRs）。这种特殊的形貌可以增强光的吸收，并促进了电荷的分离和转移。从侧面图中我们可以看到 Ca-Fe_2O_3/Fe_2O_3 BNRs 薄膜的厚度约为 635nm。

图 5-16 所示为 Fe_2O_3 基光电极的 XRD 图谱。所有样品都与单纯的 α-Fe_2O_3 的衍射峰相吻合，无任何其他杂质峰的出现，这表明 Ca 掺杂没有诱导任何次生相的形成。三个样品的 XRD 图谱在 2θ 值分别为 35.6°和 63.9°处的两个明显的衍射峰分别对应 Fe_2O_3 的（110）和（300）晶面。主导的（110）衍射峰意味着 Fe_2O_3 纳米棒在（110）晶向择优生长。由于（001）基面的电导率比正交平面高出 4 个数量级，因此这种择优生长非常有利于光电水氧化过程中的电荷传输。

图 5-17 所示为样品的 TEM 和 HRTEM 图片。从图 5-17（a）中能清楚地看到树突状的三维纳米棒结构。通过放大正方形区域获得的高倍透射电镜图可看到清晰连续的晶格条纹，经测定晶格间距为 0.250nm，与 α-Fe_2O_3 的（110）晶面相对应。此外，Ca-Fe_2O_3 的小纳米棒与 Fe_2O_3 的纳米棒晶格之间没有边界，这证明了同质结可以实现完美的晶格匹配，极大地降低了界面处的缺陷，从而减少了载流子在界面处的复合。

图 5-15　单一 Fe_2O_3、Ca 掺杂 Fe_2O_3($Ca-Fe_2O_3$)的正面和 $Ca-Fe_2O_3/Fe_2O_3$ 同质结的

正面与侧面的扫描电镜照片

(a)(b)(c)分别为 Fe_2O_3、$Ca-Fe_2O_3$、$Ca-Fe_2O_3/Fe_2O_3$ 光电极的

正面扫描电镜图片;(d)为 $Ca-Fe_2O_3/Fe_2O_3$ 侧面扫描电镜照片

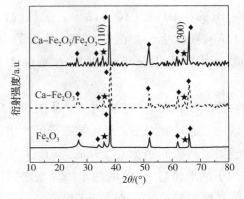

图 5-16　Fe_2O_3(JCPDS 33-0664)基光电极的 XRD 图

★为基底主要成分 SnO_2(JCPDS 46-1088)的标准衍射峰

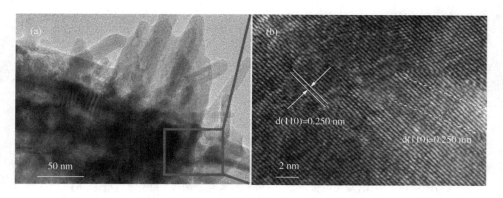

图 5-17　Ca-Fe$_2$O$_3$/Fe$_2$O$_3$ BNRs 的透射电镜(a)和高倍透射电镜图像(b)

2. Ca-Fe$_2$O$_3$/Fe$_2$O$_3$ 同质结的光电性能研究

图 5-18(a)为所制备样品的紫外-可见光吸收光谱,用来表征所制样品的光学性能。如图所示,单一 Fe$_2$O$_3$ 薄膜在 300~800nm 测试波长范围内都表现出了良好的光吸收。其在紫外光区域的吸收是由于 O^{2-} 2p 到 Fe^{3+} 3d 轨道的直接电子跃迁造成的,而在可见光区域的吸收是由于轨道电子自旋禁阻激发造成的。从图可看到,Fe$_2$O$_3$ 的吸收边位于 580nm,对应的禁带宽度为 2.15eV。为了证明 Ca-Fe$_2$O$_3$/Fe$_2$O$_3$ 的三维树突状结构对 Fe$_2$O$_3$ 性能的影响,我们单独制备了 Fe$_2$O$_3$ BNRs 以做对比。如图所示,与 Fe$_2$O$_3$ NRs 相比,Fe$_2$O$_3$ BNRs 表现出较高的光吸收强度,但是吸收边和相应的禁带宽度并没有发生改变,这归因于树突状的分支结构能够增加光的多次反射和折射,从而促进了 BNRs 结构对光的捕获。掺杂 Ca 之后,样品的吸收边产生了微小的红移,这说明 Ca 离子的引入加强了样品对可见光的吸收,其对应的禁带宽度为 2.10eV。Ca-Fe$_2$O$_3$/Fe$_2$O$_3$ BNRs 复合薄膜具有最宽的可见光相应区域及最窄的禁带宽度,说明由 p-n 同质结造成的可匹配的能级梯度能够有助于拓宽光谱响应范围,可以进一步提高这种光电极的光电化学性能。

为了确定 Ca-Fe$_2$O$_3$ 和 Ca-Fe$_2$O$_3$/Fe$_2$O$_3$ BNRs 的半导体导电性质,采用莫特-肖特基方程计算了样品的导电类型和平带电位。图 5-19 所示为样品在 1kHz 和 5kHz 下的 M-S 曲线。众所周知,氧空位是浅施主,是主导 n 型导电性质的主要来源,而掺杂单价或二价离子会占据氧空位,增加正电荷载流子,导致 p 型导电性质。掺杂 Ca 后,样品的 M-S 曲线斜率为负值,与 p 型半导体特性相符,证明 Ca 掺杂确实使 Fe$_2$O$_3$ 转换为 p 型半导体特性。Ca-Fe$_2$O$_3$/Fe$_2$O$_3$ 同质结的 M-S 曲线呈"V"形,如图 5-19(b)所示,正斜率和负斜率的共存表示 p-n 结的存在。这

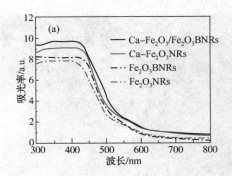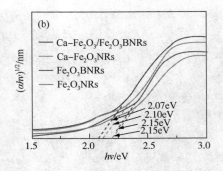

图 5-18　Fe_2O_3 基光电极的紫外-可见吸收光谱图(a)和禁带宽度图(b)

种"V"形可解释为两个串联电容、斜率为负的曲线体现了 p-n 同质结的界面特性，另一个则体现了 p 型 $Ca-Fe_2O_3$/电解质的界面特性。此外，Ca 掺杂使 Fe_2O_3 的平带电位正移至 1.49 V，这表明由 Fe_2O_3 和 $Ca-Fe_2O_3$ 形成的内置电场，使费米能级向价带边缘移动。

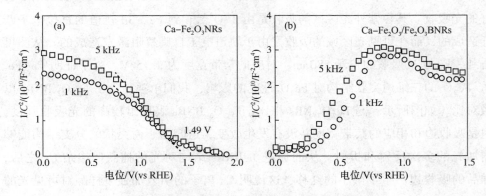

图 5-19　Fe_2O_3 基光电极的莫特-肖特基曲线

为了进一步研究 p-n 同质结对 $Ca-Fe_2O_3$/Fe_2O_3 BNRs 薄膜光生载流子的调控作用，利用三电极体系对样品做了光电化学测试。如图 5-20(a)所示，Fe_2O_3 BNRs 的光电流密度比单一 Fe_2O_3 NRs 的大，$Ca-Fe_2O_3$/Fe_2O_3 BNRs 光电极的光电流密度最高，达到了 $2.14mA/cm^2$ (1.23V vs RHE)。同时，起始电位从 0.78 V 负移至 0.72 V。我们发现，Fe_2O_3 的起始电位比 M-S 测试所得到的平带电位更正，这是由于在低电位下，聚集的电子和空穴的复合导致较低的外加电位不足以驱动空穴转移至电解液中。$Ca-Fe_2O_3$/Fe_2O_3 BNRs 起始电位的负移和光电流的提高可以归因于两种原因：一是三维树突状结构能有效避免在 Fe_2O_3 NRs 表面形成电子捕获位点，从而加速电荷分离；另一个原因是，n 型 Fe_2O_3 和 p 型 Ca/Fe_2O_3 的结合形成了较强的内在电场，引起了起始电位的阴极偏移。

图5-20(b)为样品在1.23V(vs RHE)下所测量的恒电位电流密度-时间曲线。所有的样品都表现出了良好的光响应性。从I-T曲线的尖峰来看，BNRs的结构抑制了光生电子-空穴的复合，促进了载流子分离。而Ca-Fe$_2$O$_3$/Fe$_2$O$_3$ BNRs因具有特殊的结构又具有p-n同质结的内在电场，其尖峰最平缓，说明有效地促进了载流子的分离。

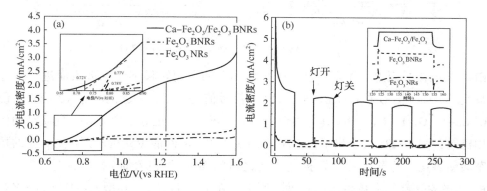

图5-20　Fe$_2$O$_3$基光电极的电流电压图(a)和恒电位电流时间图(b)

图5-21所示为样品的光电转化效率和电化学阻抗图谱。如图5-21(a)所示，Ca-Fe$_2$O$_3$/Fe$_2$O$_3$ BNRs的入射光电转换效率(IPCE)在整个光吸收区间都有了明显的提高，最高达到了53.9%，高于其对比样品Ca-Fe$_2$O$_3$ NRs(18.2%)和Fe$_2$O$_3$ NRs(19.6%)。图5-21(b)为样品的EIS谱图，进一步证明载流子的分离和传输的增强，光电极阻抗谱的圆环半径大小依次为Ca-Fe$_2$O$_3$/Fe$_2$O$_3$ BNRs<Ca-Fe$_2$O$_3$ NRs< Fe$_2$O$_3$ NRs，说明Ca-Fe$_2$O$_3$/Fe$_2$O$_3$ BNRs复合光电极的电阻要更小一些。也就是说，电荷转移速率更快，因此其光电催化分解水的反应更容易进行。IPEC和EIS测试都证实了Ca-Fe$_2$O$_3$/Fe$_2$O$_3$ BNRs同质结对Fe$_2$O$_3$光生载流子分离的促进作用。

此外，采用表面光电压(SPV)技术来证实Ca-Fe$_2$O$_3$/Fe$_2$O$_3$ BNRs同质结的存在。结果如图5-22(a)所示，在SPV测试中，SPV信号的强度与空间分离的电荷浓度成正比，而电荷分离主要是由Ca-Fe$_2$O$_3$/Fe$_2$O$_3$ BNRs p-n同质结的电场所驱动的。因此，我们可以认为SPV信号越高，内部电场越强。在图5-22(a)中，Fe$_2$O$_3$ NRs和Ca-Fe$_2$O$_3$/Fe$_2$O$_3$ BNRs的SPV光谱在整个波长范围内都有光响应并且其信号值为负，表明在光照下，光生电子在同质结的界面电场驱动下转移至

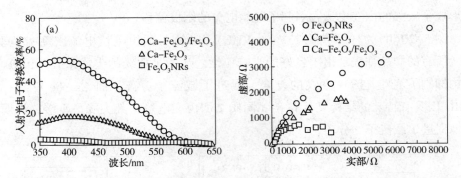

图 5-21　Fe_2O_3 基光电极的光电转换效率(a)和电化学阻抗谱图(b)

FTO/光电极界面处，而光生空穴则按照相反的方向转移至光电极表面进行水分解反应。$Ca-Fe_2O_3/Fe_2O_3$ BNRs 的 SPV 信号值是 Fe_2O_3 NRs 的将近 10 倍，这说明 $Ca-Fe_2O_3/Fe_2O_3$ BNRs 具有很强的内部电场。为了更好地理解 p-n 同质结的作用机制，图 5-22(b)给出了 $Ca-Fe_2O_3/Fe_2O_3$ BNRs 的能带结构示意图。p 型的掺杂会使氧化铁的导价带位置提高，且之前的 M-S 图已经证明在 Ca 掺杂之后，Fe_2O_3 的费米能级向价带边缘移动。所以，在 n 型 Fe_2O_3 和 p 型 $Ca-Fe_2O_3$ 的接触后，$Ca-Fe_2O_3$ 中一部分空穴会通过 p-n 结扩散并与电子结合，而 Fe_2O_3 中的一部分电子则与空穴结合，在 $Ca-Fe_2O_3$ 区域形成负离子。为使费米能级达到平衡，$Ca-Fe_2O_3$ 的带隙将获得更高的能量从而导致向下的能带弯曲，反之 Fe_2O_3 形成向上的能带弯曲，最终形成了 p-n 同质结的梯度能级。且该同质结因完美的晶格匹配在界面处降低了复合中心的浓度，有效地促进了光生电子-空穴的分离。

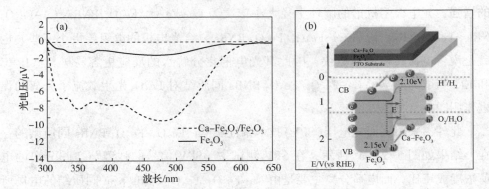

图 5-22　Fe_2O_3 与 $Ca-Fe_2O_3/Fe_2O_3$ BNRs 的表面光电压谱(a)和

$Ca-Fe_2O_3/Fe_2O_3$ BNRs 的能级结构示意图(b)

5.4.2 Co-Pi/Ca-Fe₂O₃/Fe₂O₃ BNRs 的表征及光电性能研究

1. Co-Pi/Ca-Fe₂O₃/Fe₂O₃ BNRs 的形貌及物相表征

为了进一步改善 Ca-Fe₂O₃/Fe₂O₃同质结的性能，采用电沉积法在 Ca-Fe₂O₃/Fe₂O₃同质结上沉积钴磷酸盐（Co-Pi）助催化剂提高同质结表面析氧动力学。图5-23（a）是 Co-Pi/Ca-Fe₂O₃/Fe₂O₃ BNRs 对应的 XRD 谱图，除了 FTO 和 Fe₂O₃的衍射峰外，并没有额外的衍射峰出现，这说明沉积的 Co-Pi 是无定型物质。图5-23（b）是 Co-Pi/Ca-Fe₂O₃/Fe₂O₃ BNRs 的 SEM 照片。从图片中可以看出，沉积Co-Pi 后 Ca-Fe₂O₃/Fe₂O₃依旧为原有的三维树突状纳米棒结构，但是纳米棒表面明显覆盖了一层物质，且有些呈现纳米颗粒的结构，纳米棒的间隙也被 Co-Pi 所填充。这表明 Co-Pi 的负载并不改变同质结原有特殊的形貌结构，维持了其良好的电子传输性能。

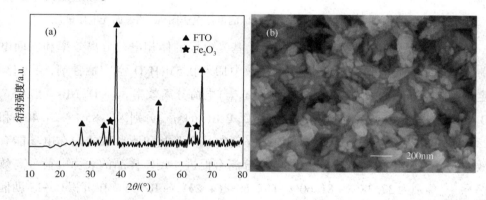

图 5-23 Co-Pi/Ca-Fe₂O₃/Fe₂O₃ BNRs 的 XRD 谱图（a）和扫描电镜照片（b）

2. Co-Pi/Ca-Fe₂O₃/Fe₂O₃ BNRs 的光电性能研究

图 5-24（a）是 Co-Pi/Ca-Fe₂O₃/Fe₂O₃ BNRs 和 Ca-Fe₂O₃/Fe₂O₃ BNRs 在1.0M NaOH 溶液中的线性扫描伏安曲线。在 1.23V（vs RHE）的偏压下，Co-Pi/Ca-Fe₂O₃/Fe₂O₃ BNRs 光电极的光电流密度约为 2.42mA/cm²，较 Ca-Fe₂O₃/Fe₂O₃ BNRs 光电极提高了 0.28mA/cm²，且起始电位从 0.72V 负移至 0.64V，这归因于沉积 Co-Pi 后，原本到达表面缺陷态的光生空穴可以被表面的 Co-Pi 助催化剂捕获，然后注入电解液，加快了表面的析氧动力学。因此，Co-Pi 助催化剂降低了表面析氧动力学的反应势垒，体系所需的偏压也得到降低，起始电位发生

了明显的负移。SPV 测试可以进一步证实 Co-Pi 助催化剂的作用，如图 5-24(b)所示，沉积 Co-Pi 后，SPV 信号显示出了明显的提高，这表明在光照下，通过同质结的内在电场分离的光生空穴转移至表面，Co-Pi 可以快速捕获空穴从而抑制其因表面缺陷态而复合，最终使表面的空穴浓度明显提高。

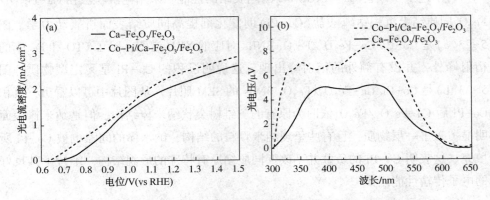

图 5-24　Co-Pi/Ca-Fe$_2$O$_3$/Fe$_2$O$_3$ BNRs 的电流电压图(a)和表面光电压谱(b)

　　图 5-25 所示为沉积 Co-Pi 后 Fe$_2$O$_3$ 基光电极的体相电荷分离效率和表面电荷分离效率。通过在 1.0M NaOH 电解液中加入 0.5M H$_2$O$_2$ 空穴牺牲剂，我们测定了所制备样品的表面($\eta_{surface}$)和体相(η_{bulk})电荷分离效率。Fe$_2$O$_3$ NRs、Ca-Fe$_2$O$_3$/Fe$_2$O$_3$ BNRs 和 Co-Pi/Ca-Fe$_2$O$_3$/Fe$_2$O$_3$ BNRs 的 η_{bulk} 分别为 2.85%、24.40% 和 28.79%(1.23V vs RHE)。p-n 同质结完美的晶格匹配和所形成的内在电场能有效的促进内部电子-空穴的分离对电荷分离有促进作用。样品的表面电荷分离效率 $\eta_{surface}$ 分别为 37.38%、81.60% 和 88.80%(1.23V vs RHE)。在沉积 Co-Pi 助催化剂后，在整个测量电压范围内，Co-Pi/Ca-Fe$_2$O$_3$/Fe$_2$O$_3$ BNRs 的表面分离效率都得到了明显的提高，这表明 Co-Pi 加快了表面氧化反应，降低了表面电荷注入势垒。该结果与 LSV 测试中起始电位负移的结果一致。

　　基于上述结果，我们分析了 Co-Pi/Ca-Fe$_2$O$_3$/Fe$_2$O$_3$ BNRs 光阳极内载流子分离和传输的机理，如图 5-26 所示。在光照下，光激发 Ca-Fe$_2$O$_3$/Fe$_2$O$_3$ BNRs 在导带和价带产生电子和空穴。由于 p-n 同质结的梯度能级，光生电子将从 Ca-Fe$_2$O$_3$ 的导带转移到 Fe$_2$O$_3$ 的导带，并继续由外电路传至对电极。p-n 同质结完美的晶格匹配降低了界面处缺陷的浓度，同时内在电场加速了电子-空穴对的分离。光生空穴则按相反的方向从 Fe$_2$O$_3$ 的价带转移至 Ca-Fe$_2$O$_3$ 的价带，并被表面的 Co-Pi 助催化剂捕获。由于钴具有多种价态，空穴在表面参与钴不同价态间的转变($Co^{2+/3+} \rightarrow Co^{4+} \rightarrow Co^{2+/3+}$)，从而加快空穴向电解液中的注入，降低了电荷注入的势垒，使光阳极在低电位下具有了较高的水氧化活性。

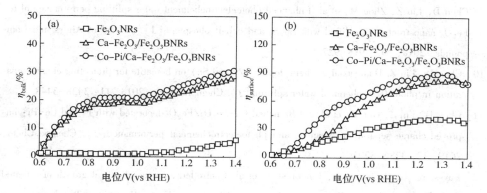

图 5-25　Fe_2O_3基光电极的体相电荷分离效率(a)和表面电荷分离效率(b)

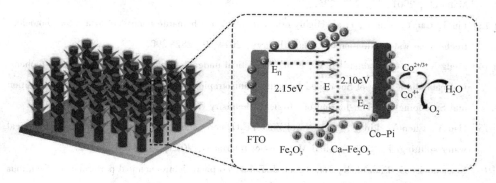

图 5-26　$Co-Pi/Ca-Fe_2O_3/Fe_2O_3$ BNRs 光阳极内载流子分离和传输示意图

参 考 文 献

［1］Peerakiatkhajohn P, Yun J, Chen H, et al. Stable hematite nanosheet photoanodes for enhanced photoelectrochemical water splitting[J]. Advanced Materials, 2016, 28：6405-6410.

［2］董柏涛. 氧化铁修饰钒氧化物纳米管的制备及气敏性能研究[D]. 武汉理工大学, 2010.

［3］唐萌编著. 氧化铁纳米材料生物效应与安全应用[M]. 北京：科学出版社, 2010.

［4］樊耀亭, 樊玉兰, 吕秉玲. 透明氧化铁颜料的制备[J]. 现代化工, 1996, 6：28-30.

［5］陈喜娣, 蔡启舟, 尹荔松, 等. 纳米 $\alpha-Fe_2O_3$ 光催化剂的研究与应用进展[J]. 材料导报, 2010, 24：118-124.

［6］Grätzel M. Photoelectrochemical cells[J]. Nature, 2001, 414：338-344.

［7］Murphy A, Barnes P, Randeniya L, et al. Efficiency of solar water splitting using semiconductor electrodes[J]. International Journal of Hydrogen Energy, 2006, 31: 1999-2017.

[8] 陈东. α-Fe$_2$O$_3$基光电极光生载流子分离调控及光电性能研究[D]. 天津城建大学, 2019.

[9] Chen D, Liu Z, Zhou M, et al. Enhanced photoelectrochemical water splitting performance of α-Fe$_2$O$_3$ nanostructures modified with Sb$_2$S$_3$ and cobalt phosphate[J]. Journal of Alloys and Compounds, 2018, 742: 918-927.

[10] Chen D, Liu Z. Dual-axial gradient doping (Zr and Sn) on hematite for promoting charge separation in photoelectrochemical water splitting[J]. ChemSusChem, 2018, 11: 3438-3448.

[11] Chen D, Liu Z, Guo Z, et al. 3D Branched Ca-Fe$_2$O$_3$/Fe$_2$O$_3$ decorated with Pt and Co-Pi: improved charge separation dynamics and photoelectrochemical performance[J]. ChemSusChem, 2019, 12: 3286-3295.

[12] Vayssieres L, Beermann N, Lindquist S, et al. Controlled aqueous chemical growth of oriented three-dimensional crystalline nanorod arrays: application to iron (III) oxides[J]. Chemistry of Materials, 2001, 13: 233-235.

[13] Liu J, Cai Y, Tian Z, et al. Highly oriented Ge-doped hematite nanosheet arrays for photoelectrochemical water oxidation[J]. Nano Energy, 2014, 9: 282-290.

[14] Meng X, Qin G, Goddard III W, et al. Theoretical understanding of enhanced photoelectrochemical catalytic activity of Sn-doped hematite: anisotropic catalysis and effects of morin transition and Sn doping[J]. The Journal of Physical Chemistry C, 2013, 117: 3779-3784.

[15] Hsu Y, Chen Y, Lin Y, et al. Novel ZnO/Fe$_2$O$_3$ core-shell nanowires for photoelectrochemical water splitting[J]. ACS Applied Materials & Interfaces, 2015, 7: 14157-14162.

[16] Kecsenovity E, Endrődi B, Tóth P, et al. Enhanced photoelectrochemical performance of cuprous oxide/graphene nanohybrids [J]. Journal of the American Chemical Society, 2017, 139: 6682-6692.

[17] Liao P, Toroker M, Carter E. Electron transport in pure and doped hematite[J]. Nano Letters, 2011, 11: 1775-1781.

[18] Zhang R, Fang Y, Chen T, et al. Enhanced photoelectrochemical water oxidation performance of Fe$_2$O$_3$ nanorods array by S doping[J]. ACS Sustainable Chemistry & Engineering, 2017, 5: 7502-7506.

[19] Ye K, Wang Z, Gu J, et al. Carbon quantum dots as a visible light sensitizer to significantly increase the solar water splitting performance of bismuth vanadate photoanodes[J]. Energy & Environmental Science, 2017, 10: 772-779.

[20] Dotan H, Sivula K, Grätzel M, et al. Probing the photoelectrochemical properties of hematite (α-Fe$_2$O$_3$) electrodes using hydrogen peroxide as a hole scavenger[J]. Energy & Environmental Science, 2011, 4: 958-964.

[21] Tamirat A, Su W, Dubale A, et al. Photoelectrochemical water splitting at low applied potential using a NiOOH coated codoped (Sn, Zr) α - Fe_2O_3 photoanode [J]. Journal of Materials Chemistry A, 2015, 3: 5949-5961.

[22] Guo X, Wang X, Chang B, et al. High quantum efficiency of depth grade doping negative-electron-affinity GaN photocathode[J]. Applied Physics Letters, 2010, 97: 063104-063106.

[23] Zou J, Yang Z, Qiao J, et al. Activation experiments and quantum efficiency theory on gradient-doping NEA GaAs photocathodes[C]. Optoelectronic Materials and Devices II. International Society for Optics and Photonics, 2007, 6782: 67822R.

[24] Morikawa T, Arai T, Motohiro T. Photoactivity of p-Typeα-Fe_2O_3 induced by anionic/cationic codoping of N and Zn[J]. Applied Physics Express, 2013, 6: 041201-041203.

[25] Morikawa T, Saeki S, Suzuki T, et al. Dual functional modification by N doping of Ta_2O_5: p-type conduction in visible-light-activated N-doped Ta_2O_5[J]. Applied Physics Letters, 2010, 96: 142111-142113.

[26] Suzuki T, Saeki S, Sekizawa K, et al. Photoelectrochemical hydrogen production by water splitting over dual-functionally modified oxide: p-Type N-dopedTa_2O_5 photocathode active under visible light irradiation[J]. Applied Catalysis B: Environmental, 2017, 202: 597-604.

[27] Jinnouchi R, Akimov A, Shirai S, et al. Upward shift in conduction band ofTa_2O_5 due to surface dipoles induced by N - doping [J]. The Journal of Physical Chemistry C, 2015, 119: 26925-26936.

[28] Wang T, Wei Y, Chang X, et al. Homogeneous Cu_2O p-n junction photocathodes for solar water splitting[J]. Applied Catalysis B: Environmental, 2018, 226: 31-37.

[29] Ahmed M, Kandiel T, Ahmed A, et al. Enhanced photoelectrochemical water oxidation on nano-structured hematite photoanodes via p-$CaFe_2O_4$/n-Fe_2O_3 heterojunction formation[J]. The Journal of Physical Chemistry C, 2015, 119: 5864-5871.

[30] Qi X, She G, Wang M, et al. Electrochemical synthesis of p-type Zn-doped α-Fe_2O_3 nanotube arrays for photoelectrochemical water splitting [J]. Chemical Communications, 2013, 49: 5742-5744.

[31] Pan L, Wang S, Xie J, et al. Constructing TiO_2 p-n homojunction for photoelectrochemical and photocatalytic hydrogen generation[J]. Nano Energy, 2016, 28: 296-303.

[32] Lin Y, Xu Y, Mayer M, et al. Growth of p-type hematite by atomic layer deposition and its utilization for improved solar water splitting[J]. Journal of the American Chemical Society, 2012, 134: 5508-5511.

[33] Jiang T, Xie T, Yang W, et al. Photoelectrochemical and photovoltaic properties of p-n Cu_2O homojunction films and their photocatalytic performance[J]. The Journal of Physical Chemistry

C, 2013, 117: 4619-4624.

[34] Gross D, Mora-Seró I, Dittrich T, et al. Charge separation in type II tunneling multilayered structures of CdTe and CdSe nanocrystals directly proven by surface photovoltage spectroscopy [J]. Journal of the American Chemical Society, 2010, 132: 5981-5983.

[35] Sekizawa K, Oh-ishi K, Kataoka K, et al. Stoichiometric water splitting using a p-type Fe_2O_3 based photocathode with the aid of a multi-heterojunction[J]. Journal of Materials Chemistry A, 2017, 5: 6483-6493.

[36] An X, Hu C, Lan H, et al. Strongly coupled metal oxide/reassembled carbon nitride/Co-Pi heterostructures for efficient photoelectrochemical water splitting[J]. ACS Applied Materials & Interfaces, 2018, 10: 6424-6432.

[37] Gao C, Xue J, Zhang L, et al. Paper-Based origami photoelectrochemical sensing platform with $TiO_2/Bi_4NbO_8Cl/Co-Pi$ cascade structure enabling of bidirectional modulation of charge carrier separation[J]. Analytical Chemistry, 2018, 90: 14116-14120.

第6章 氧化铜基光电极构筑及光电催化性能研究

6.1 引言

氧化铜(CuO)是常见的 p 型过渡金属氧化物半导体，在自然界中的主要存在形态为黑铜矿。CuO 属于单斜晶系结构，空间点群为 C2/c，晶型为 PdO 型，晶胞参数为 $a = 4.685$ Å，$b = 3.430$ Å，$c = 5.139$ Å，$\alpha = 91.677°$，Cu-O 键长分别为 1.88 Å 和 1.96 Å，键角分别为 84.5° 和 95.5°。如图 6-1 所示，其阴阳离子配位数为 4∶4，因 CuO 具有特殊的电子结构，3d 层轨道排布 9 个电子，所以其电子处于不稳定状态。

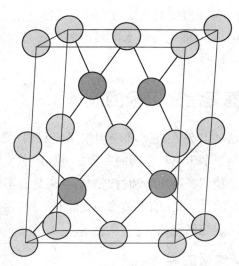

图 6-1 CuO 的晶体结构模型图

浅色的球代表 O，深色的球代表 Cu

CuO 因其优异的光学和电学性质，在光电催化分解水、太阳能电池、气体传感器、生物传感器、光电探测器等领域中而备受关注。在光电催化分解水领域，CuO 与其他金属氧化物(例如 TiO_2、ZnO 等)相比，具有更窄的带隙，这使它能够吸收近一半的太阳光(包括可见光)。得益于此，越来越多的学者将 CuO 作为光电阴极材料用于光电催化分解水。例如，Chauhan 等人通过溶胶-凝胶法在 FTO 上成功制备了 CuO 薄膜，结果表明制备条件的不同(烧结温度等)会影响薄膜的微观形貌，在较低的烧结温度(400~500℃)下制备的薄膜可以达到较高的光电流，并且分解水的效率更高。尽管 CuO 具有许多优异的性能，但是 CuO 在水性电解质中严重的光腐蚀现象限制了其在光电催化分解水中的进一步应用。因此，许多研究者已经采取了一些策略来解决该问题。Cots 等通过电沉积 Cu 和化学氧化、热处理制备出 CuO，发现通过浸渍方法掺入铁，然后进行高温热处理以促进 CuO 纳米线的外部从 CuO 到三价铜铁氧化物($CuFe_2O_4$)的转变，虽然光电流降低了三分之一，但是其稳定性显著提高，这说明了基于表面相变的策略提高 CuO 的 PEC 稳定性是有效的。Masudy-Panah 等制备的富氧 CuO 光电阴极具有很高的光电催化稳定性，表明其化学组成极大地影响了基于 CuO 的光电阴极的性能和光腐蚀稳定性。Shaislamov 等证明 CuO/ZnO 纳米棒/纳米分支光电阴极的稳定性比裸露的 CuO 光电阴极提高了 82.13%，这是因为高密度 ZnO 纳米分支的生长可以保护 CuO 纳米棒，避免其直接与电解质接触。

本章重点介绍 CuO 光电催化分解水电极的制备、光腐蚀机理及提高其光电催化性能和稳定性的策略与方法。

6.2 CuO 基复合光电极的制备

纳米材料制备方法的开发在理解和应用纳米级材料的研究中占据着重要地位，它使研究者可以调节纳米材料不同的参数，例如形态、粒径以及组成。最近已经开发出许多方法来使用各种化学和物理方法合成具有不同形态、大小和尺寸的 CuO 纳米结构。目前制备 CuO 纳米结构的方法有溶胶-凝胶法、水热法、电化学沉积法、磁控溅射法、热氧化法等。

6.2.1 CuO 光电极的制备

以 $Cu_2SO_4 \cdot 5H_2O$ 为铜源，$C_3H_6O_3$ 为络合剂配置电解质溶液，利用 NaOH 溶液调节电解质溶液的 pH 值，采用简单的电化学沉积法和后退火处理制备 CuO 纳米薄膜。在实验之前，先将 ITO 导电玻璃依次在丙酮(CH_3COCH_3)、异丙醇 [$(CH_3)_2CHOH$]、无水乙醇(CH_3CH_2OH)中超声清洗 30min，然后将清洗过后的 ITO 导电玻璃在 60℃烘箱中烘干备用。具体的实验操作流程如下。

①将一定量的 $Cu_2SO_4 \cdot 5H_2O$ 和 $C_3H_6O_3$ 溶解在去离子水中，使用磁力搅拌器持续搅拌直至溶液变成亮蓝色。②向持续搅拌的溶液中滴加 NaOH 溶液，将溶液 pH 值调节至 10。③将装有该溶液的烧杯置于水浴锅中，水浴锅的温度保持在 35℃，同时将清洗干净的 ITO 导电玻璃置于三电极体系中。其中，ITO 导电玻璃作为工作电极，Pt 片作为对电极，Ag/AgCl 作为参比电极，沉积电压为 -0.5V（vs Ag/AgCl），调节沉积时间以控制薄膜厚度。④在电化学沉积之后，ITO 基底被浅黄色的 Cu_2O 薄膜均匀覆盖。随后将沉积后的样品用去离子水冲洗几次，并置于 60℃烘箱中烘干。将干燥后的 Cu_2O 薄膜置于马弗炉中，升温速率为 2℃/min，在 500℃下退火处理 1h。待样品冷却至室温取出，此时浅黄色的 Cu_2O 薄膜完全转化为黑色的 CuO 薄膜。制备流程图如图 6-2 所示。

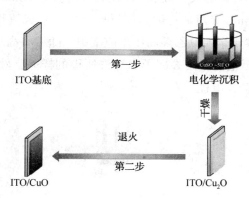

图 6-2　CuO 光电极的合成过程示意图

6.2.2　CuO/Pt 复合光电极的制备

通过电化学沉积法在 CuO 电极上负载助催化剂 Pt。其中 CuO 光电极作为工作电极，Pt 片作为对电极，Ag/AgCl 作为参比电极。0.5 mM H_2PtCl_6 作为电解质溶液，沉积电压为 -0.35V（vs Ag/AgCl）。合成流程图如图 6-3 所示。将上述制得的 CuO 薄膜置于 H_2PtCl_6 电解液中，CuO 作为阴极，Pt 片作为阳极，沉积一定的时间，将沉积后的样品用去离子水清洗干净后，并置于 60℃烘箱中干燥得到 CuO/Pt 复合光电极。

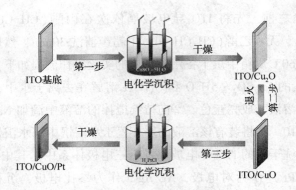

图 6-3　CuO/Pt 光电极的合成路线示意图

6.2.3　CuO/MoS$_2$复合光电极的制备

通过水热法将 MoS$_2$负载在 CuO 光电极上。首先，将一定质量的钼酸钠二水合物（Na$_2$MoO$_4$·2H$_2$O）和硫代乙酰胺（C$_2$H$_5$NS）溶解在 80mL 去离子水中，然后将混合溶液转移到 25mL 聚四氟乙烯高压反应釜中。合成流程图如图 6-4 所示。将制得的 CuO 薄膜置于聚四氟乙烯高压反应釜中，随后将高压釜在 200℃下加热 22h，然后自然冷却至室温。用去离子水冲洗所得的样品，然后在空气中自然干燥得到 CuO/MoS$_2$复合光电极。

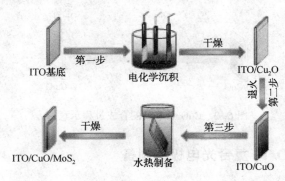

图 6-4　CuO/MoS$_2$光电极的合成路线示意图

6.3　CuO 光电极的光电催化活性研究

在光电化学分解水领域，与广泛研究的光阳极相比，光阴极材料的研究相对较少。传统的光阴极材料包括 InP、Si、CuInGaSe 等半导体，然而这些半导体存在着固有的缺点，例如带隙不合适（<1.23eV）、成本高、易腐蚀等。随着研究技术和手段的发展，越来越多的p型半导体被开发用作光电化学分解水中的光阴极材料。在各种半导体材料中，CuO是一种非常有前景的p型半导体材料。CuO作为一种典型的p型半导体，其p型半导体的导电特性源自其自身铜的空位（或者过量的氧）。与广泛研究的氧化亚铜（Cu_2O）相比，CuO在热力学上更稳定，并且电导率提高2~3倍，透光率也显著增加。更重要的是，CuO较窄的带隙（1.3~1.7eV）对可见光有较强的吸收，这使得CuO具有更高的理论太阳能转换效率，在AM 1.5 G的标准光照下，理论上的光电流密度高达$-35mA/cm^2$。由于CuO的这些优点，越来越多的研究者将其用作析氢的光阴极。Uchiyama等通过在FTO上浸涂含有聚乙烯吡咯烷酮（PVP）的$Cu(NO_3)_2$水溶液制备了CuO光电阴极薄膜。研究表明，添加PVP改变了$Cu(NO_3)_2$水溶液对FTO玻璃基材的润湿性。随着PVP含量的增加，CuO薄膜变得疏松多孔，多孔结构提供了更大的表面积，从而增强了CuO薄膜的PEC性能，但是过量的PVP导致热处理过程中薄膜分层。这种高度多孔的CuO膜在300~800nm波长处显示出光阴极响应并且在300和500nm处的最大入射光子电流效率（IPCE）值分别为8.7%和3.9%。但是由于CuO自身较低的载流子迁移率，其光电流密度远远低于其理论值，而且CuO在电解质溶液里的不稳定也极大地限制了它的进一步应用。

6.3.1 不同沉积时间的CuO薄膜的形貌及物相表征

图6-5显示了不同沉积时间条件下制备的Cu_2O的形貌。从图中可以看出，通过电化学沉积法制备的Cu_2O是球形的纳米颗粒。当沉积时间为10min时，Cu_2O纳米微球已经完全铺满了ITO导电基底，纳米微球的粒径为150~350nm，并且微球表面比较粗糙。对比图6-5（a）、图6-5（b）、图6-5（c）可以发现，随着沉积时间的增加，纳米微球逐渐变大。一般而言，在电化学沉积过程中会先在基底表面形成晶核，当形成一定数量的晶核之后，Cu_2O会以晶核为中心慢慢长大。并且随着时间的增加，Cu_2O纳米微球会逐渐长大，长大的微球均匀地排列在ITO基底上，从而在基底表面形成一层致密的薄膜。

如图6-6所示，在500℃退火处理之后，粗糙的纳米微球转变成棱角分明的块状微晶，并且微晶表面变得光滑，表面缺陷相对较少，颗粒分布也比较均匀。这可能是因为预沉积的薄膜在退火处理过程中会进行重结晶，而这会使晶粒细化，颗粒分布更加致密，从而使薄膜表面变得光滑。

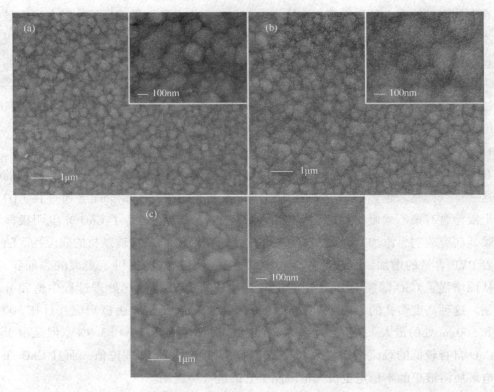

图 6-5 不同电沉积时间的 Cu_2O 薄膜

(a)10min；(b)20min；(c)30min

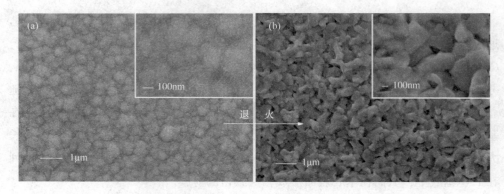

退 火

图 6-6 沉积时间为 20min 的 Cu_2O 薄膜和 CuO 薄膜(500℃退火后)

图 6-7 所示为不同沉积时间的 CuO 薄膜的侧面扫描电镜图。沉积时间为 10min、20min、30min 的 CuO 薄膜的厚度分别为 417nm、890nm 和 1.37 μm。显然，随着沉积时间的增加，CuO 薄膜的厚度随之增加。从图中可以看出，当沉积

时间从 10min 增加到 20min 时，薄膜变得更加致密。但是，当沉积时间继续增加至 30min 的时候，薄膜中间位置开始出现分层现象，这种现象可能是由于纳米颗粒体积扩散增加，导致颗粒聚结，薄膜的致密度下降。

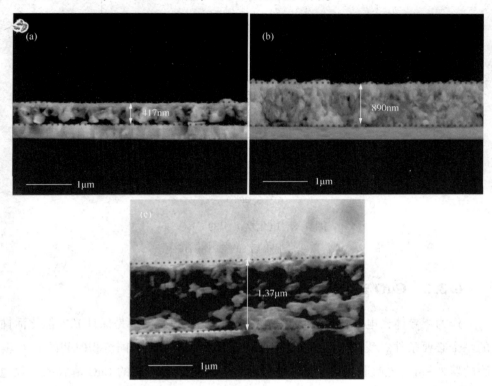

图 6-7　不同沉积时间的 CuO 薄膜的侧面 SEM 图像

图 6-8 为样品退火前和退火后的 XRD 图谱。ITO 导电基底、Cu_2O、CuO 的衍射峰分别用"◆""●""▼"表示。从 Cu_2O 衍射谱中可以看出，除了 ITO 导电基底的主要成分 In_2O_3 的衍射峰（JCPDS No. 71-2195）外，在 2θ 为 29.7°、36.8°和 42.6°处可以观察到明显的特征衍射峰，分别对应于立方相的 Cu_2O（JCPDS No. 03-0898）的（110）（111）和（200）晶面，这表明在 ITO 上预沉积的纳米薄膜是 Cu_2O。经 500℃退火后的 CuO 薄膜的 XRD 图谱中可以看出，退火处理后，属于 Cu_2O 的衍射峰完全消失，并且在 2θ 为 35.5°、38.9°、53.4°、61.5°、65.7°、68.0°和 75.0°处出现了新的衍射峰，这些衍射峰分别对应于单斜相的 CuO（JCPDS No. 80-1917）的（002）（200）（020）（113）（022）（113）和（004）晶面。XRD 图谱表明所制备的 CuO 是单斜晶体结构，单斜晶体结构是铜的化合物中最稳定

的晶体结构。在 XRD 图谱中没有检测到诸如 Cu_2O 和金属 Cu 之类的杂质峰，这说明在热处理之后 Cu_2O 完全转化成了 CuO。

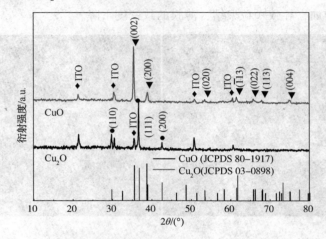

图 6-8 电化学沉积的 Cu_2O 和
CuO(退火后) 的 XRD 图谱

6.3.2 CuO 光电极的光电化学性能

作为半导体光电催化材料，其高效宽谱的光学吸收性能是保证光电催化活性的一个必要条件。我们采用紫外-可见分光光度计测得了不同沉积时间的 CuO 薄膜的紫外-可见光吸收光谱。如图 6-9 所示，不同沉积时间的 CuO 薄膜的吸收边缘在 885nm 左右。利用用 Tauc 公式分析其光学带隙，不同沉积时间得到的 CuO 薄膜的禁带宽度为 1.40~1.43eV，这表明 CuO 薄膜的窄禁带宽度使得它可以高效地吸收大部分的可见光。

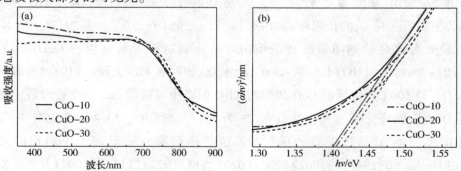

图 6-9 不同沉积时间的 CuO 薄膜的紫外-可见光吸收谱图

样品的光电化学性能采用标准的三电极体系进行测试,电解质溶液是 1.0M NaOH 的水溶液。首先通过线性扫描伏安法(LSV)测量了 CuO 光电极的光电流密度。如图 6-10 所示,研究了电沉积时间对光电流的影响。沉积 10min、20 和 30min 的单一 CuO 光电极在 -0.55V(vs Ag/AgCl)外置偏压下的光电流密度分别为 $-0.39mA/cm^2$、$-0.49mA/cm^2$ 和 $-0.45mA/cm^2$,这表明 CuO 光电极的光电流密度随沉积时间的增加而显著提高,这是因为膜厚的增加会使得半导体在被光激发时产生更多的光生载流子,从而导致光电流增加。然而,CuO 光电极的光电流密度在沉积 20min 后开始衰减,这表明薄膜的厚度过厚时,光生载流子的传输路径会更长,所以光生载流子的复合率也会提高,从而导致光电流的降低。此外,由于沉积时间为 30min 的样品颗粒间隙变大,还出现分层现象,这会阻碍载流子的传输,因此沉积时间过久,会降低 CuO 光电极的光电催化活性。据文献报道,CuO 的 p 型半导体的导电特性源自其自身铜的空位(或者过量的氧),从图中可以看出所有光电极的光电流都显示负的响应,这表明 CuO 作为 p 型半导体的阴极光电流特性。当样品置于黑暗条件时,在光电流密度-电压曲线里可以观察到明显的暗电流,这可能来自黑暗条件下 CuO 光电极的腐蚀电流。

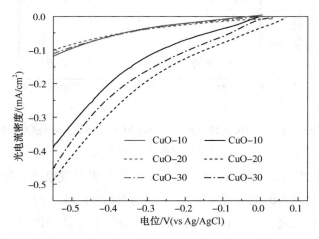

图 6-10 不同电沉积时间的 CuO 光电极的
光电流密度-电压曲线

为了研究 CuO 光电极随时间的光响应特性,在斩波光照(100mW/cm²)条件下,进行了光电极的瞬态光电流测量,施加偏压为 -0.55V(vs Ag/AgCl),斩波的时间间隔是 30s。如图 6-11 所示,当光打开和关闭的瞬间,光电流密度迅速上升和下降,这表明 CuO 光电极具有良好的光响应特性。不同沉积时间的光电极的光电流大小顺序是 CuO-20 > CuO-30 > CuO-10，这可能是因为随着薄膜厚度的增加，薄膜对入射光子吸收量会增加，产生更多的光生电子和空穴。但是，当膜厚度大于光穿透薄膜的深度时，薄膜中远离光源的部分吸收很少的入射光子，并且较长的扩散路径也会阻碍电荷从电极体相向基底或者电解质溶液的传输。一般而言，在光电流密度-时间曲线中，灯光打开瞬间出现的峰表示半导体/电解液界面上电子的积累，而灯光关闭的峰则代表空穴的反向复合。在图 6-11 中，CuO 光电极在关闭和打开灯的瞬间，可以看到一个明显的"尖峰"，这表明 CuO 光电极存在电荷累积效应。此外，当光照关闭后，电流迅速下降并达到稳定，但是电流并没有下降到零值。光电流密度-时间曲线中存在大约-0.1mA/cm^{2}的暗电流，这也进一步表明黑暗条件下腐蚀的存在。

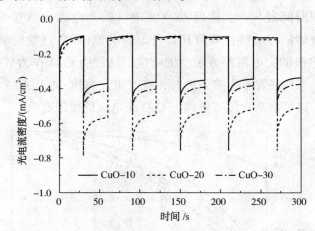

图 6-11　不同沉积时间的 CuO 光电极在-0.55V(vs Ag/AgCl)
处的光电流密度-时间曲线

　　电化学阻抗谱(EIS)是研究电极过程动力学和表面现象的重要手段。为了进一步探究 CuO 光电极的电荷转移动力学，我们进行了 EIS 分析。图 6-12 是不同沉积时间的 CuO 光电极的电化学阻抗谱，图中的半圆结构代表光电极的电荷转移电阻。显然，沉积 20min 的 CuO 显示出最小的半圆曲线半径，这代表着 CuO-20 光电极具有最小的转移电阻，这可能是因为沉积 20min 时 CuO 具有最佳的粒径分布和薄膜厚度。结合 SEM 侧面图可以知道，样品 CuO-10 与 ITO 基底的交界处有空隙，而样品 CuO-30 出现了颗粒间隙变大且分层的现象，这些都会阻碍载流子的传输，从而加大电荷的转移阻力。EIS 图谱趋势也与 LSV 曲线的测试结果相吻合。

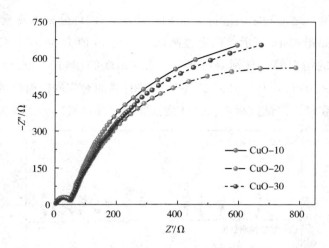

图 6-12　不同沉积时间的 CuO 光电极的电化学阻抗谱图

　　在连续光照下，对样品 CuO-20 进行了 2h 的光腐蚀稳定性测试以评估 CuO 光电阴极的稳定性。图 6-13 中可以看出，在稳定性测试之后，CuO 光电极的光电流密度降低了 69%，从初始的光电流密度($-0.49mA/cm^2$)降低到最终的光电流密度($-0.15mA/cm^2$)。对于窄禁带半导体，当半导体的光生电子(空穴)的准费米能量高于(低于)半导体的热力学还原(氧化)电势时，半导体将受到腐蚀。因此，在 CuO 光电极稳定性测试过程中，光电流下降可能是由于 CuO 光电极发生了光腐蚀。

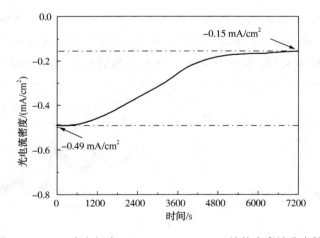

图 6-13　CuO 光电极在$-0.55V$(vs Ag/AgCl)处的光腐蚀稳定性

　　因此，为了验证 CuO 光电极在 PEC 稳定性测试过程中是否发生了光腐蚀，我们在稳定性测试之前和之后进行了 X 射线衍射（XRD）分析以观察 CuO 光电极的物相变化。如图 6-14 所示，稳定性测试后，在 2θ 值为 36.4°、42.3° 和 73.6° 处观察到了新的衍射峰，分别对应于立方相 Cu_2O 的（111）（200）和（311）晶面（JCPSD No. 78-2076），并且 CuO 的（002）（200）晶面对应的衍射峰的峰强也显著下降。这表明在稳定测试过程中，CuO 会被腐蚀，并且被部分还原为 Cu_2O。

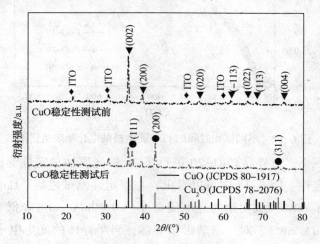

图 6-14　稳定性测试前后的 CuO 光电极的 XRD 图谱

此外，采用 X 射线光电子能谱（XPS）分别研究了 PEC 稳定性测试之前和之后的 CuO 光电极的组成和元素价态。图 6-15（a）所示为 PEC 稳定性测量之前 CuO 的高分辨率 XPS 能谱。显然，在 934.4eV 和 954.2eV 处显示了两个主峰，分别对应于 Cu^{2+} 的 $2p_{3/2}$ 和 $2p_{1/2}$。同时，在 943.8 和 962.5eV 处的峰也与 CuO 的卫星峰一致。图 6-15（b）所示为 PEC 稳定性测量后 CuO 的高分辨率 XPS 能谱。

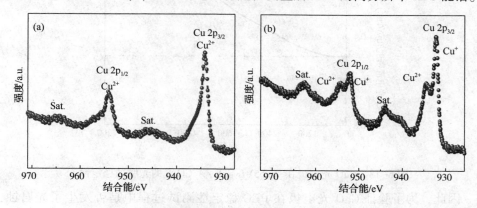

图 6-15　稳定性测试前后的 Cu 2p 的 XPS 图谱

为了清楚对比 XPS 峰的变化，我们对图 6-15(b) 图中 929～938eV 和 948～958eV 范围内的峰进行了去卷积处理，如图 6-16 所示。从图中可以清晰地看出，除了两个属于 Cu^{2+} 的峰，还检测到位于 932.2eV 和 952.1eV 处的两个峰，分别归因于 Cu^+ 的 $2p_{3/2}$ 和 $2p_{1/2}$。XRD 和 XPS 测量得到的结果都证明，CuO 自还原为 Cu_2O 是发生 CuO 光电阴极光腐蚀的主要原因。由于 CuO 的光生电子具有很强的还原性，而且 CuO 的还原电位低于其光生电子的准费米能级，因此在 PEC 测试过程中，光生电子将会不可避免地将 Cu^{2+} 还原成 Cu^+。在此过程中，可能发生以下反应：

$$2CuO+H_2O+2e^- \longrightarrow Cu_2O+2OH^- \tag{6-1}$$

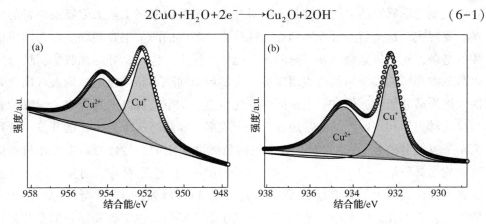

图 6-16　稳定性测试后的 CuO 光电极的 Cu $2p_{1/2}$(a) 和 Cu $2p_{3/2}$(b) 峰的去卷积图

基于上述实验数据和结果分析，我们提出了 CuO 光电极在 PEC 过程中的光腐蚀过程和机理，如图 6-17 所示。在光照条件下，CuO 光电极价带上的光生电子会被激发并跃迁至其导带成为自由电子，同时在价带中留下相同数量的空穴。而这些光生电子具有很强的还原能力，因此可以将 H_2O 还原成 H_2。根据 XRD 和 XPS 结果，在稳定性测试之后的样品中出现了 Cu_2O 相，这说明在 PEC 测试过程中，光生电子不仅将 H_2O 还原成 H_2，而且还可以将自身的 Cu^{2+} 还原成 Cu^+。从热力学角度来说，CuO 的还原电位是 0.6 V(vs

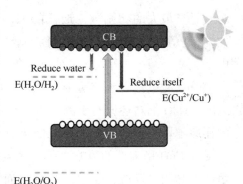

图 6-17　CuO 光电极光腐蚀的机理图

NHE），因此在 PEC 测试过程中，CuO 自身的还原是与析氢反应互相竞争的消耗光生电子的副反应，而该反应将不可避免地降低 CuO 光电极的催化效率。此外，CuO 光电极载流子迁移速率慢，CuO 光电极的光生电子不能及时地用于还原水反应，所以在光电化学分解水过程中会发生严重的光腐蚀，从而降低 CuO 光电极的光电催化活性。

6.4 Pt 和 MoS$_2$ 对 CuO 光电极的改性作用研究

光电化学研究的最终目的是不断对光电极改善以实现工业太阳能到燃料的转换。要想实现这个目的，效率和稳定性是必须考虑的两个主要问题。作为实现应用的基础，光电极必须具有良好的太阳能转化能力，包括良好的光收集、快速的电荷分离和转移以及高效的表面反应。大多数窄间隙半导体光电极均表现出良好的太阳光捕获能力，但它们大都面临着光生电子和空穴较高的复合率、缓慢的表面反应动力学和不匹配的能带边缘等一个或多个缺陷。迄今为止，已开发出各种策略来有效分离电子-空穴对，其中包括负载助催化剂，与合适的半导体材料组合以构建异质结（或同质结），修饰表面钝化层，调整形貌等。通常，已经开发了在半导体表面上形成贵金属（例如 Au，Ag，Pt）以形成金属/半导体（M/S）系统的方法，它们在其中充当助催化剂，为光生电荷提供活性位点和俘获位点并促进电荷分离。在 PEC 水分解中，Pt 被认为是所有金属中最具前景的助催化剂，因为它具有最大的功函数、最低的 H$_2$ 生成过电势、超高电导率和良好的稳定性。此外，Pt 可以与半导体形成肖特基结纳米结构，Pt 可以捕获来自半导体的光生电子，从而减少电子-空穴对的复合。

CuO 光电极在水溶液中不稳定，造成 CuO 光电极的光电流会随着时间迅速衰减。CuO 的自还原与水的还原是互相竞争的光生电子消耗的副反应，所以 CuO 的还原不可避免地会降低光电催化效率。我们认为，在 CuO 表面沉积贵金属 Pt 是提高 CuO 稳定性的策略之一。光生电子对水的还原和对 Cu^{2+} 的还原是两个竞争性的光阴极反应，通过在 CuO 表面负载助催化剂 Pt 可以加速水还原反应从而抑制对 Cu^{2+} 的还原反应。有关半导体/贵金属光电阴极的大多数研究工作都是在较稳定的氧化物上进行的，例如 TiO$_2$ 和 ZnO。很少有文献去研究贵金属助催化剂 Pt 对光阴极材料稳定性的影响。所以，我们针对 CuO 载流子迁移速率慢和光腐蚀稳定性差的问题，选用贵金属助催化剂 Pt 来对 CuO 光电极进行改性研究，探讨了助催化剂对 CuO 光电极中光生载流子的分离、转移调控作用以及对 CuO 光腐蚀稳定性的影响机制。

6.4.1　CuO/Pt 复合光电极的构筑及其光电化学性能研究

1. CuO/Pt 复合光电极的形貌及物相表征

图 6-18 为 CuO/Pt 复合光电极的扫描电镜图。从图中可以看出，在沉积了 5min 之后，CuO 光电极表面已覆盖上了一层 Pt 纳米颗粒。Pt 纳米颗粒表面光滑，粒径在 20~50nm。与单一 CuO 光电极相比，CuO/Pt 复合光电极薄膜的表面变得粗糙，而粗糙的表面会增加薄膜对可见光的吸收。

图 6-19 是 CuO 光电极和 CuO/Pt 复合光电极的 XRD 图谱。可以看出，CuO/Pt 复合光电极的 XRD 图谱中 CuO 的(002)晶面对应的特征峰的峰强度有所下降，这可能是由于 Pt 纳米颗粒对 CuO 的覆盖导致 XRD 的检测信号变弱。虽然 CuO/Pt 复合光电极的 XRD 图谱并没有出现新的衍射峰，但是在 $2\theta = 38.9°$ 处归属于 CuO 的(002)晶面的衍射峰的峰强明显增加很多，而这个衍射峰的位置也对应于 Pt 的(111)晶面(JCPDS No. 87-0644)。因此，该衍射峰峰强的增加可能是由于负载的 Pt 引起的。

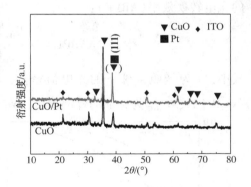

图 6-18　CuO/Pt 的正面扫描电镜图　　　　图 6-19　CuO 和 CuO/Pt 的 XRD 图谱

为了进一步确定助催化剂 Pt 的存在，利用透射电子显微镜(TEM)表征了 CuO/Pt 光电极的微观结构，如图 6-20 所示。从图中可以清晰地分辨出 CuO 和 Pt 的晶格条纹，这表明 CuO/Pt 复合光电极具有良好的结晶性。经测定，两种晶格间距分别为 0.253nm 和 0.232nm，分别与单斜相的 CuO 的(002)晶面和立方相的 Pt 的(111)晶面互相对应，这表明成功制备了 CuO/Pt 光电极。

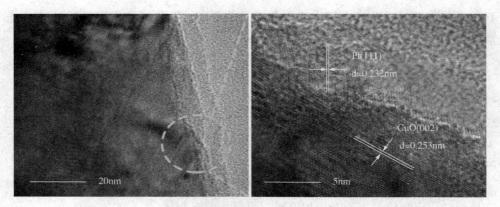

图 6-20　CuO/Pt 光电极的透射电镜和高倍率透射电镜图像

2. CuO/Pt 复合光电极的光电化学性能

为了探究助催化剂 Pt 对 CuO 光电极光电催化性能的影响，我们测量了 CuO/Pt 复合光电极的 LSV 曲线。如图 6-21 所示，CuO/Pt 复合光电极和单一的 CuO 相比光电流明显增加，在 $-0.55V$（vs Ag/AgCl）处的光电流密度增加到 $-0.57mA/cm^2$。光电流的提高，表明 Pt 的负载可以提高 CuO 光电极的光电催化活性。为了定量评估所制备的光电极的光电转换能力，基于 LSV 结果可计算施加电压条件下的光电转换效率（ABPE）：

$$ABPE = J \times \frac{E_{H+/H_2} - E_{RHE}}{P_{light}} \times 100\% \qquad (6-2)$$

式中，J 为光照条件下的光电流密度，mA/cm^2；E_{H+/H_2} 为析氢反应的电位，$0V$（vs RHE）；E_{RHE} 为施加的外部偏压，V；P_{light} 为入射光的强度，$100mW/cm^2$。

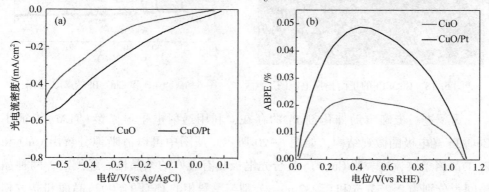

图 6-21　CuO 和 CuO/Pt 光电极的线性扫描伏安曲线（a）和
偏置电压光电流效率（ABPE）曲线（b）

如图 6-21(b)所示，CuO/Pt 复合光电极在 0.43V(vs RHE)时达到 0.048%的最大转换效率，约是单一 CuO 光电极最大转换效率(0.023%)的 2 倍。

图 6-22 显示了 CuO 光电极和 CuO/Pt 光电极在 -0.55V(vs Ag/AgCl)下的瞬态光电流曲线。当光照打开和关闭时，光电流立即上升和下降，这意味着复合后的 CuO/Pt 光阴极对光照也有着很高的灵敏度。图 6-22 显示，与单一 CuO 光电极相比，CuO/Pt 复合光电阴极在光照下的光电流密度显著提高，这与 LSV 测试结果一致。通常，由于光生电子的积累，在照明的瞬间会出现阴极电流尖峰。显然，当光打开的瞬间，CuO/Pt 光电极产生更弱的尖峰，这表明在负载助催化剂 Pt 之后电荷的累积效应得到有效的缓解，这归功于 Pt 助催化剂加速了载流子的转移。

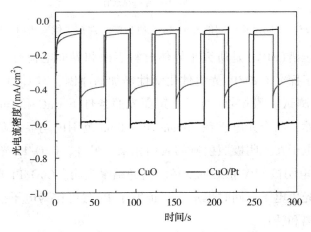

图 6-22　CuO 和 CuO/Pt 光电极的光电流密度-时间(I-T)曲线

随后，我们在 CuO 光电极上通过改变 Pt 的沉积时间(180s、300s、420s)以探究助催化剂 Pt 沉积时间对 CuO 光电极光电催化性能的影响，并分别标记样品为 CuO/Pt-180、CuO/Pt-300、CuO/Pt-420。图 6-23 为 Pt 不同沉积时间的 CuO/Pt LSV 曲线，从图中可以看出，CuO/Pt-180、CuO/Pt-300、CuO/Pt-420 复合光电极的光电流密度分别为 -0.53mA/cm²、-0.57mA/cm²、-0.55mA/cm²。CuO/Pt 复合光电极的光电流密度随着 Pt 沉积时间的增加而提高，之后随着沉积时间的继续增加反而开始衰减。结果表明，负载适量的 Pt 有助于 CuO 光电极光电催化活性的提高，但是 Pt 的过量负载反而会使 CuO 光电极的光电催化活性下降，这可能是由于过量的 Pt 在 CuO 光电极表面堆积会阻碍光电极对可见光的吸收，而且过量的 Pt 可能成为光生载流子复合中心，使催化剂活性下降。

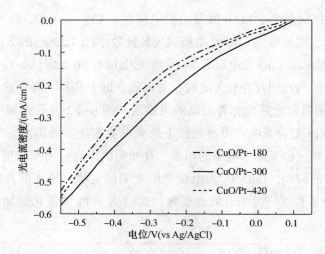

图 6-23　不同沉积时间的 CuO/Pt 光电极的线性扫描伏安法(LSV)曲线

表面光电压谱(SPV)是研究半导体材料表面和界面电荷行为行之有效的方法。因此，为了探究 CuO/Pt 光电催化活性增加的原因，对 CuO 和 CuO/Pt 光电极进行了 SPV 测试。图 6-24 所示为正面光照条件下 CuO 和 CuO/Pt 光电极的 SPV 光谱。显然，两个光电极在 300nm 至 900nm 范围内均显示负响应，而负响应则表示光生电子在光阴极照射侧的表面积聚。另外，CuO/Pt 光电极的 SPV 信号是纯 CuO 光电阴极 SPV 信号的 2 倍。这一结果表明，CuO/Pt 光电阴极表面上积累了大量的光生电子，同时也进一步证明了 Pt 层可作为电子捕获层，促进光生载流子的分离和转移。

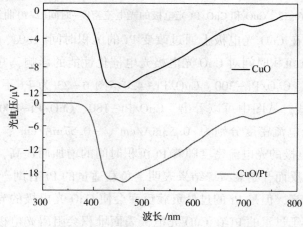

图 6-24　CuO 和 CuO/Pt 的表面光电压谱和相应的 SPV 测量装置的示意图

为了研究助催化剂 Pt 对 CuO 光电极光腐蚀稳定性的影响，我们测量连续照明 2h 小时条件下的 CuO/Pt 复合光电极的光电流密度。如图 6-25 所示，在 2h 的稳定性测试之后，CuO/Pt 复合光电极仍能保持其初始光电流密度的 70%。与单一 CuO 光电极相比，CuO/Pt 复合光电极光腐蚀稳定提高了 39%。结合图 6-24 的 SPV 测试可知，由于助催化剂 Pt 捕获了 CuO 光电极中的光生电子，减少了光生电子对 CuO 的自还原，从而大大提高了 CuO 光电极的光腐蚀稳定性。

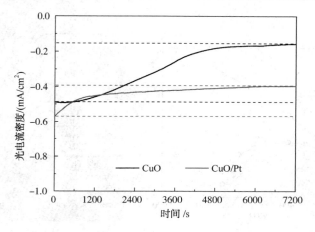

图 6-25 CuO 和 CuO/Pt 光电极在 -0.55V vs Ag/AgCl 处的光腐蚀稳定性

利用电化学阻抗谱（EIS）可进一步分析电极/电解质界面的反应动力学和电荷转移。图 6-26 所示为 CuO 和 CuO/Pt 光电极的电化学阻抗谱图。Nyquist 曲线的半圆形是由光电极和电解质之间的光生载流子转移而产生的，并且电弧半径与电荷转移电阻有关。由图 6-26 可看出，CuO/Pt 复合光电极的电弧半径小于单一 CuO 光电极的电弧半径，这表明 CuO/Pt 复合光电极的光生电子更容易从半导体转移到电解质，从而抑制了 CuO 光电极的光腐蚀。

图 6-27 所示为 CuO/Pt 复合光电极中的电荷转移过程。理论上，CuO 的功函数（5.3eV）低于 Pt 的功函数（5.65eV），因此 CuO 光电极的电子能够被 Pt 俘获。当 Pt 纳米颗粒沉积在 CuO 光阴极的表面上时，电子将从 CuO 光电极转移到 Pt，直到建立热力学平衡，从而在 CuO 光电极和 Pt 之间形成内部电场。由 SPV 测试可知，CuO/Pt 光电极的 SPV 信号是单一 CuO 光电极的 SPV 信号的 2 倍，表明大量的光生电子在 CuO/Pt 光电极表面聚集。这是由于 CuO 光电极的光生电子在内部电场的驱动下，可以快速地从 CuO 光电极转移到助催化剂 Pt，然后转移到电解质。此外 EIS 结果也表明助催化剂 Pt 改性之后 CuO/Pt 复合光电极的转移

电阻明显减小，这也有利于 CuO 光电极的光生电子向电解液转移。由于 CuO 光电极中的光生电子被快速地转移到电解质用于还原水反应，因此在 CuO 光电极体相中光生电子的积聚会显著减少，从而导致 CuO/Pt 光阴极光电催化活性和光腐蚀稳定性的明显提高。

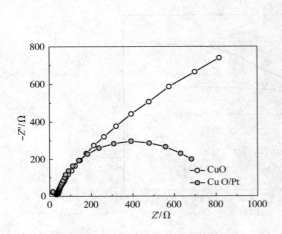

图 6-26　CuO 和 CuO/Pt 光电极的
电化学阻抗谱图

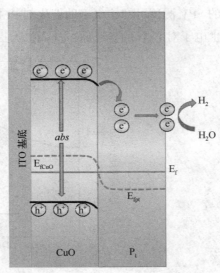

图 6-27　PEC 水分解过程中 CuO/Pt
光电阴极的电荷分离和转移的示意图

6.4.2　CuO/MoS₂复合光电极的构筑及其光电化学性能研究

在光电化学水分解系统中，由于贵金属 Pt 表面及其电子结构有助于以较低的活化能来促进分解水产氢，被认为是高效的助催化剂。但是贵金属的稀缺性和高昂的成本使它们在氢能的未来发展中失去了竞争力。近年来，金属硫化物材料由于具有易于调节的电子、光学、物化等特性引起了科学研究者的兴趣。其中，二硫化钼（MoS_2）被认为是可以替代贵金属 Pt 的一种有前途的低成本材料。许多研究表明，MoS_2作为有前途的 n 型半导体可以与其他半导体材料构建异质结，从而促进光电极的光生载流子的分离和转移。因此，负载到 CuO 上的 MoS_2将起到分离光生电荷和提高表面光电催化效率的双重作用。

1. CuO/MoS₂复合光电极的形貌及物相表征

图 6-28 为 CuO/MoS₂复合光电极的正面扫描电镜图。从图 6-28（a）中可以

看出，MoS_2薄膜均匀地生长在 CuO 基底上。此外，图 6-28(b)中插图的放大图显示 MoS_2几乎垂直排列，形成了垂直的三维网状结构。这种三维网状结构具有更大的表面积，使得 MoS_2暴露出更多的活性位点，利于光吸收和氧化还原反应。

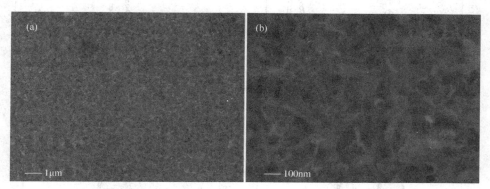

图 6-28 CuO/MoS_2的正面扫描电镜图(a)和高倍率扫描电镜图(b)

图 6-29 所示为 CuO 和 CuO/MoS_2的 XRD 图谱。CuO/MoS_2 薄膜在 14.2°、28.6°和 32.9°处呈现出明显的衍射峰，这三个衍射峰分别对应于 MoS_2（JCPSD No. 74-0932）的（003）、（006）和（101）平面，且衍射峰较为尖锐，这说明我们制备的 MoS_2具有较高的结晶度。

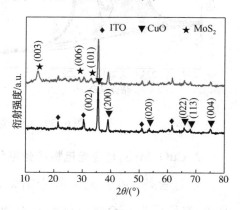

图 6-29 CuO 和 CuO/MoS_2的 XRD 图谱

图 6-30 所示为 CuO/MoS_2光电极的 X 射线光电子能谱。如图 6-30(a)所示，在 934.4eV 和 954.2eV 的结合能处的两个强峰分别属于 CuO 的 Cu $2p_{3/2}$ 和 Cu $2p_{1/2}$。此外，在 943.8eV 和 962.5eV 的较高结合高能峰与 CuO 的卫星峰非常吻合，进一步证实了 Cu 元素以 Cu^{2+} 的形式存在。图 6-30(b)中观察到的在 532.5eV 处的特征峰属于 O 1s。图 6-30(c)和图 6-30(d)分别代表 CuO/MoS_2光电极中 Mo 3d 和 S 2p 的高分辨率 XPS 图谱。从 Mo 3d 的图谱中可以清晰看到，在 229.3eV 和 232.5eV 处显示了强烈的峰，分别对应于 MoS_2中 Mo^{4+}的 $3d_{5/2}$ 和 $3d_{3/2}$峰。从 S 2p 的图谱中可以看出，在结合能为 162.3 和 163.4eV 处的 S 2p 的峰，分别对应于 S(II)轨道的 S $2p_{3/2}$和 S $2p_{1/2}$。

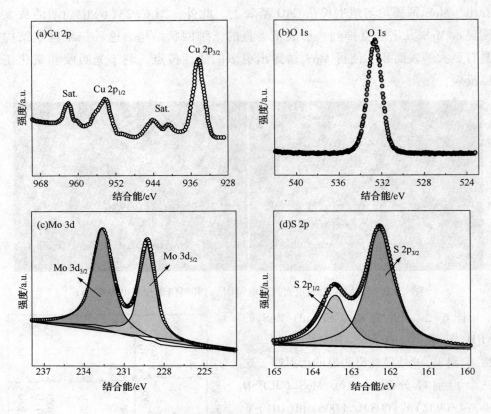

图 6-30　CuO/MoS₂光电极的 XPS 图谱

2. CuO/MoS₂复合光电极的光电化学性能

　　通过紫外-可见光吸收光谱来研究 CuO/MoS₂复合光电极的光学性能，图 6-31所示为 CuO 光电极和 CuO/MoS₂复合光电极的紫外-可见光吸收光谱。从图中可以看出，CuO/MoS₂光电极的吸收边与 CuO 光电极相比产生了蓝移。为了探究吸收边产生蓝移的原因，我们测试了单一 MoS₂的紫外可见吸收光谱。从图中可以看出，单一 MoS₂的吸收边大约为 560nm，对应的禁带宽度约为 1.8eV，因此 MoS₂光电极与 CuO 光电极复合之后，吸收边会发生蓝移。对于 CuO 光电极来说，限制其光电催化活性提高的因素主要是 CuO 固有的载流子迁移速率慢和自身的光腐蚀。尽管 MoS₂光电极后使吸收边略微蓝移，但是仍能吸收大部分的可见光，所以这对 CuO 光电极的光电催化活性并不是很大。

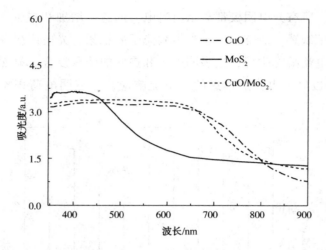

图 6-31 CuO、MoS₂ 和 CuO/MoS₂ 光电极的紫外-可见吸收光谱图

图 6-32 所示为 CuO 和 CuO/MoS₂ 光电极的线性扫描伏安曲线和偏压光电转换效率(ABPE)曲线。在光照条件下，CuO/MoS₂ 光电极在整个测试电压范围内的光电流都明显增加，在 $-0.55V$(vs Ag/AgCl)处的光电流密度为 $-1.64mA/cm^2$。此外，CuO/MoS₂ 光电极的起始电位和单一的 CuO 光电极相比向正向迁移了 100 mV。如图 6-32(b)所示，CuO/MoS₂ 光电阴极在 0.5V(vs RHE)时达到 0.08% 的最大转换效率，明显高于 CuO 光电极的转换效率。

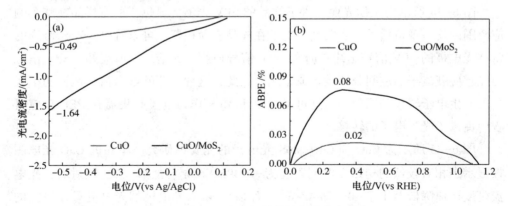

图 6-32 CuO 和 CuO/MoS₂ 光电极的线性扫描伏安曲线(a)和应用
偏置电压-光电流效率(ABPE)曲线(b)

随后，在 $-0.55V$ vs Ag/AgCl 的恒定偏压下测量了光电极的瞬态光电流密度曲线以探究在光照条件下的光电极电荷重组行为。如图 6-33 所示，在打开

和关闭照明时，所有光电阴极都显示出光电流的急剧增加和减少，这表明光电阴极对光照非常敏感。通常，由于光生载流子的积累，光电阴极在照明瞬间会表现出负的光电流瞬态尖峰，这表明电子和空穴的严重复合。显然，MoS_2 修饰的 CuO 光电阴极显示出更加迅速的光电流响应，这表明电荷积累效应的显著减小。

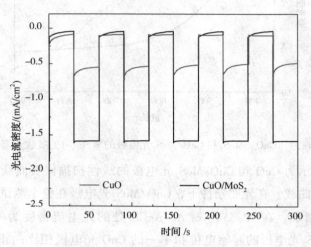

图 6-33 CuO 和 CuO/MoS_2 光电极的
光电流密度-时间(I-T)曲线

图 6-34 所示为正面光照条件下样品的 SPV 光谱。显然，所有样品在整个响应范围内均呈现负信号，表明光生电子在样品表面积聚。可以看出，MoS_2 修饰的 CuO 光电极的 SPV 信号比纯 CuO 的 SPV 信号强约 3.5 倍。众所周知，SPV 信号与光感应载流子的空间分离效率成正比。因此，这种显著的增强清楚地证明了大量的光生电子转移到照射侧，这可能是由于 MoS_2 作为电子收集器在 PEC 反应过程中促进了光生电子的转移。

图 6-35 所示为 CuO 和 CuO/MoS_2 光电极的光腐蚀研究。单一的 CuO 光电阴极显示出相对较低的初始光电流密度为 $-0.49mA/cm^2$，然后在 2h 照射后，光电流密度迅速降低至小于 $-0.15mA/cm^2$。而 CuO/MoS_2 光电极的光电流只在最初的 1200s 内下降较为明显，随后下降趋势很缓慢，在 2h 的稳定性测试之后仍可保留初始光电流密度的 85%。MoS_2 通常被用作助催化剂，可以有效捕获光生电子，然后将这些电子转移到电解质界面参与反应。因此 MoS_2 显著地促进了 CuO 光电阴极的光生载流子的分离和传输，导致光电流和光电化学稳定性明显增强。

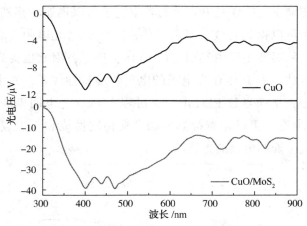

图 6-34　CuO 和 CuO/MoS$_2$的表面光电压谱和

相应的 SPV 测量装置的示意图

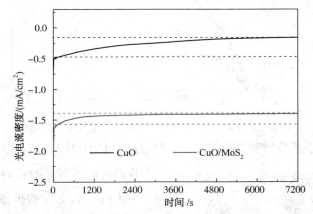

图 6-35　CuO 和 CuO/MoS$_2$光电极在-0.55V(vs Ag/AgCl)

处的光腐蚀稳定性

图 6-36 所示为 CuO 和 CuO/MoS$_2$光电极的电化学阻抗谱，其进一步表明了助催化剂 MoS$_2$在半导体/溶液界面的反应动力学和电荷转移中起着至关重要的作用。如图所示，具有较大半圆半径的 CuO 光电阴极具有较高的阻抗和较差的 PEC 性能，这是因为电极-电解质界面处具有较高的电荷转移阻抗。相比之下，CuO/MoS$_2$光电极具有较小的半圆形，这表明负载合适的助催化剂可以显著降低界面电荷转移阻力，从而增强界面处电荷载流子的分离和传输。诸多研究表明，MoS$_2$作为一种有前途的 n 型半导体可以与其他材料构建异质结。由于 MoS$_2$的导带(CB)和价带(VB)的水平低于 CuO，因此在 CuO 和 MoS$_2$中会形成 p-n 异质结。

在内置电场的驱动下，CuO 光电阴极的光生电子可以迅速转移到 MoS₂ 的 CB 中。由于光生载流子可以得到有效分离和转移，因此 CuO 光电阴极表面的光生电子的积累会减少，从而抑制了由其引起的 CuO 自还原，因此也提高了光电流密度和光电化学稳定性。由于 CuO 光电极的电荷传输特性较差，光生电子无法迅速转移到电解质中，从而导致 PEC 水分解过程中 CuO 光电阴极的自还原。因此，将 MoS₂ 与 CuO 复合，可以显著提高界面电荷传输性能和光生载流子分离效率，从而提高光电流，抑制电极的光腐蚀。

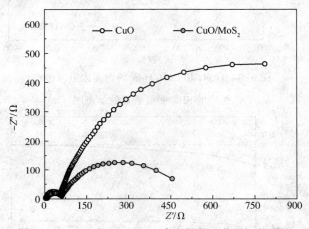

图 6-36　CuO 和 CuO/MoS₂ 光电极的电化学阻抗谱图

基于上述表征分析和实验结果，我们提出了 CuO/MoS₂ 复合光电极上的电荷分离和转移的机理。当 p 型 CuO 和 n 型 MoS₂ 接触时，由于电子和空穴的扩散，在 CuO 光电极和 MoS₂ 光电极的界面处形成 p-n 结。MoS₂ 的 CB 和 VB 位置分别低于 CuO 的 CB 和 VB 位置。因此在光照射下，电子从 CuO 光电极和 MoS₂ 光电极的 VB 激发到其 CB，并在其 VB 中留下空穴。因此，在内置电场和有利的电势差的驱动下，CuO 光电极的 CB 中的光生电子可以很容易地转移到 MoS₂ 光电极的 CB 上，然后再转移到光阴极/电解质的界面与水反应（图 6-37）。同时，MoS₂ VB 中的光生空穴将迁移到 CuO 的 VB 中，然后通过外电流转移到 Pt

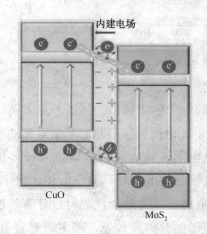

图 6-37　PEC 水分解过程中 CuO/MoS₂ 光电阴极的电荷分离和转移的示意图

对电极。SPV 测试表明，CuO/MoS$_2$复合光电极的 SPV 信号比单一 CuO 光电极的
SPV 信号强约 3.5 倍，这表明大量的光生电子迅速地转移到 CuO/MoS$_2$复合光电极
表面。而 EIS 结果中 CuO/MoS$_2$复合光电极的转移电阻显著减小，很可能是由于内
建电场和电势差的存在加速了电子-空穴对的分离，并促进了光生载流子的转移。
因此 MoS$_2$的负载促进了光生载流子的分离和迁移，并抑制了电子-空穴对的重组，
从而使得 CuO 光电极的光电催化活性和光腐蚀稳定性显著提高。

<h1 style="text-align:center">参 考 文 献</h1>

[1] Gattinoni C, Michaelides A. Atomistic details of oxide surfaces and surface oxidation: the example
of copper and its oxides[J]. Surface Science Reports, 2015, 70: 424-447.

[2] Song M K, Park S, Alamgir F M, et al. Nanostructured electrodes for lithium-ionand lithium-air
batteries: the latest developments, challenges, and perspectives[J]. Materials Science and Engi-
neering: R: Reports, 2011, 72: 203-252.

[3] Kislyuk V V, Dimitriev O P. Nanorods and nanotubes for solar cells[J]. Journal of Nanoscience
and Nanotechnology, 2008, 8: 131-148.

[4] Choi K J, Jang H W. One-dimensional oxide nanostructures as gas-sensing materials: review and
issues[J]. Sensors, 2010, 10: 4083-4099.

[5] Wang S B, Hsiao C H, Chang S J, et al. A CuO nanowire infrared photodetector[J]. Sensors and
Actuators A: Physical, 2011, 171: 207-211.

[6] Zhang X, Shi W, Zhu J, et al. High-power and high-energy-density flexible pseudocapacitor e-
lectrodes made from porous CuO nanobelts and single-walled carbon nanotubes[J]. ACS Nano,
2011, 5: 2013-2019.

[7] Chauhan D, Satsangi V R, Dass S, et al. Preparation and characterization of nanostructured CuO
thin films for photoelectrochemical splitting of water[J]. Bulletin of Materials Science, 2006, 29:
709-716.

[8] Cots A, Bonete P, Gómez R. Improving the stability and efficiency of CuO photocathodes for solar
hydrogen production through modification with Iron[J]. ACS Applied Materials & Interfaces,
2018, 10: 26348-26356.

[9] Masudy-Panah S, Siavash Moakhar R, Chua C S, et al. Stable and efficient CuO based photo-
cathode through oxygen-rich composition and Au-Pd nanostructure incorporation for solar-hydro-
gen production[J]. ACS Applied Materials & Interfaces, 2017, 9: 27596-27606.

[10] Shaislamov U, Lee H J. Synthesis and photoelectrochemical properties of a novel CuO/ZnO nano-
rod photocathode for solar hydrogen generation [J]. Journal of the Korean Physical Society,

2016, 69: 1242-1246.

[11] 邢海洋. 氧化铜电极的制备及其催化活性与稳定性研究[D]. 天津: 天津城建大学, 2020.

[12] Xing H, Lei E, Guo Z, et al. Enhancement in the charge transport and photocorrosion stability of CuO photocathode: the synergistic effect of spatially separated dual-cocatalysts and pn heterojunction[J]. Chemical Engineering Journal, 2020, 394: 124907.

[13] Xing H, Lei E, Zhao D, et al. A high-efficiency and stable cupric oxide photocathode coupled with Al surface plasmon resonance and Al_2O_3 self-passivation[J]. Chemical Communications, 2019, 55: 15093-15096.

[14] Xing H, Lei E, Guo Z, et al. Exposing the photocorrosion mechanism and control strategies of a CuO photocathode[J]. Inorganic Chemistry Frontiers, 2019, 6: 2488-2499.

[15] Uchiyama H, Isobe K, Kozuka H. Preparation of porous CuO films from Cu (NO_3)$_2$ aqueous solutions containing poly (vinylpyrrolidone) and their photocathodic properties[J]. RSC Advances, 2017, 7: 18014-18018.

[16] Septina W, Prabhakar R R, Wick R, et al. Stabilized solar hydrogen production with CuO/CdS heterojunction thin film photocathodes[J]. Chemistry of Materials, 2017, 29: 1735-1743.

[17] Cao M, Yao K, Wu C, et al. Facile synthesis of SnS and SnS_2 nanosheets for FTO/SnS/SnS_2/Pt photocathode[J]. ACS Applied Energy Materials, 2018, 1: 6497-6504.

[18] Neupane M P, Kim Y K, Park I S, et al. Temperature driven morphological changes of hydrothermally prepared copper oxide nanoparticles[J]. Surface and Interface Analysis, 2009, 41: 259-263.

[19] Duan S F, Zhang Z X, Geng Y Y, et al. Brand new 1D branched CuO nanowire arrays for efficient photoelectrochemical water reduction[J]. Dalton Transactions, 2018, 47: 14566-14572.

[20] Masudy-Panah S, Siavash Moakhar R, Chua C S, et al. Nanocrystal engineering of sputter-grown CuO photocathode for visible-light-driven electrochemical water splitting[J]. ACS Applied Materials & Interfaces, 2016, 8: 1206-1213.

[21] Mahalingam T, Chitra J S P, Chu J P, et al. Structural and annealing studies of potentiostatically deposited Cu_2O thin films[J]. Solar Energy Materials & Solar Cells, 2005, 88: 209-216.

[22] Zhang X, Chen S, Quan X, et al. Preparation and characterization of $BiVO_4$ film electrode and investigation of its photoelectrocatalytic (PEC) ability under visible light[J]. Separation and Purification Technology, 2009, 64: 309-313.

[23] Chen D, Liu Z. Dual axial gradient-doping (Zr and Sn) on hematite for promoting charge separation in photoelectrochemical water splitting[J]. ChemSusChem, 2018, 11: 3438-3448.

[24] Wei J, Zhou C, Xin Y, et al. Cooperation effect of heterojunction and co-catalyst in $BiVO_4$/Bi_2S_3/NiOOH photoanode for improving photoelectrochemical performances[J]. New Journal of

Chemistry, 2018, 42: 19415-19422.

[25] Liu Z, Lu X, Chen D. Photoelectrochemical water splitting of CuInS$_2$ photocathode collaborative modified with separated catalysts based on efficient photogenerated electron-hole separation[J]. ACS Sustainable Chemistry & Engineering, 2018, 6: 10289-10294.

[26] Septina W, Ikeda S, Harada T, et al. Platinum and indium sulfide-modified CuInS$_2$ as efficient photocathodes for photoelectrochemical water splitting[J]. Chemical Communications, 2014, 50: 8941-8943.

[27] Osterloh F E. Inorganic nanostructures for photoelectrochemical and photocatalytic water splitting [J]. Chemical Society Reviews, 2013, 42: 2294-2320.

[28] Masudy-Panah S, Radhakrishnan K, Tan H R, et al. Titanium doped cupric oxide for photovoltaic application[J]. Solar Energy Materials & Solar Cells, 2015, 140: 266-274.

[29] Minggu L J, Daud W R W, Kassim M B. An overview of photocells and photoreactors for photoelectrochemical water splitting [J]. International Journal of Hydrogen Energy, 2010, 35: 5233-5244.

[30] Zhou M, Lou X W D, Xie Y. Two-dimensional nanosheets for photoelectrochemical water splitting: Possibilities and opportunities[J]. Nano Today, 2013, 8: 598-618.

[31] Tamirat A G, Rick J, Dubale A A, et al. Using hematite for photoelectrochemical water splitting: a review of current progress and challenges [J]. Nanoscale Horizons, 2016, 1: 243-267.

[32] Yang W, Prabhakar R R, Tan J, et al. Strategies for enhancing the photocurrent, photovoltage, and stability of photoelectrodes for photoelectrochemical watersplitting[J]. Chemical Society Reviews, 2019, 48: 4979-5015.

[33] Cai J, Wu X, Li S, et al. Controllable location of Au nanoparticles as cocatalyst onto TiO$_2$@ CeO$_2$ nanocomposite hollow spheres for enhancing photocatalytic activity[J]. Applied Catalysis B: Environmental, 2017, 201: 12-21.

[34] Wang X, Li T, Yu R, et al. Highly efficient TiO$_2$ single-crystal photocatalyst with spatially separated Ag and F$^-$ bi-cocatalysts: orientation transfer of photogenerated charges and their rapid interfacial reaction[J]. Journal of Materials Chemistry A, 2016, 4: 8682-8689.

[35] Li X, Bi W, Zhang L, et al. Single-atom Pt as co-catalyst for enhanced photocatalytic H$_2$ evolution[J]. Advanced Materials, 2016, 28: 2427-2431.

[36] Antony R P, Mathews T, Ramesh C, et al. Efficient photocatalytic hydrogen generation by Pt modified TiO$_2$ nanotubes fabricated by rapid breakdown anodization[J]. International Journal of Hydrogen Energy, 2012, 37: 8268-8276.

[37] Navarro R M, Del Valle F, Fierro J L G. Photocatalytic hydrogen evolution from CdS-ZnO-CdO

systems under visible light irradiation: effect of thermal treatment and presence of Pt and Ru co-catalysts[J]. International Journal of Hydrogen Energy, 2008, 33: 4265-4273.

[38] Tao X, Gao Y, Wang S, et al. Interfacial charge modulation: an efficient strategy for boosting spatial charge separation on semiconductor photocatalysts [J]. Advanced Energy Materials, 2019, 9: 1803951-1803957.

[39] Clavero, César. Plasmon-induced hot-electron generation at nanoparticle/metal-oxide interfaces for photovoltaic and photocatalytic devices[J]. Nature Photonics, 8: 95-103.

[40] Melo Jr M A, Wu Z, Nail B A, et al. Surface photovoltage measurements on a particle tandem photocatalyst for overall water splitting[J]. Nano Letters, 2018, 18: 805-810.

[41] Rodri′guez-Pe′rez M, Canto-Aguilar E J, García-Rodríguez R, et al. Surface photovoltage spectroscopy resolves interfacial charge separation efficiencies in ZnO dye-sensitized solar cells [J]. The Journal of Physical Chemistry C, 2018, 122: 2582-2588.

[42] Fengler S, Dittrich T, Schieda M, et al. Characterization of BiVO$_4$ powders and cold gas sprayed layers by surface photovoltage techniques[J]. Catalysis Today, 2019, 321: 34-40.

[43] Liu Y, Liao L, Li J, et al. From copper nanocrystalline to CuO nanoneedle array: synthesis, growth mechanism, and properties [J]. The Journal of Physical Chemistry C, 2007, 111: 5050-5056.

[44] Chandrasekaran S, Yao L, Deng L, et al. Recent advances in metal sulfides: from controlled fabrication to electrocatalytic, photocatalytic and photoelectrochemical water splitting and beyond [J]. Chemical Society Reviews, 2019, 48: 4178-4280.

[45] Jia T, Kolpin A, Ma C, et al. A graphene dispersed CdS-MoS$_2$ nanocrystal ensemble for cooper-ative photocatalytic hydrogen production from water[J]. Chemical Communications, 2014, 50: 1185-1188.

[46] Ma S, Xie J, Wen J, et al. Constructing 2D layered hybrid CdS nanosheets/MoS$_2$ heterojunctions for enhanced visible-light photocatalytic H$_2$ generation[J]. Applied Surface Science, 2017, 391: 580-591.

[47] Kibsgaard J, Chen Z, Reinecke B, et al. Engineering the surface structure of MoS$_2$ to preferen-tially expose active edge sites for electrocatalysis[J]. Nature Material, 2012, 11, 963-969.

[48] Ali A, Mangrio F A, Chen X, et al. Ultrathin MoS$_2$ nanosheets for high-performance photoelec-trochemical applications via plasmonic coupling with Au nanocrystals[J]. Nanoscale, 2019, 11: 7813-7824.

[49] Pan Q, Zhang C, Xiong Y, et al. Boosting charge separation and transfer by plasmon-enhanced MoS$_2$/BiVO$_4$ p-n heterojunction composite for efficient photoelectrochemical water splitting[J]. ACS Sustainable Chemistry & Engineering, 2018, 6: 6378-6387.

第7章 氧化亚铜基光电极构筑及光电催化性能研究

7.1 引言

氧化亚铜(Cu_2O)为一价铜的氧化物，其晶体结构为赤铜矿型，晶格常数为 4.2696 Å。Cu_2O 所属空间群为 Pn3m，对称型为 $4L^33L^26P$，属于等轴晶系。Cu_2O 在自然界中极少存在完整的晶型，大多数的 Cu_2O 以致密块状和粒状形式存在，极少数存在立方体、八面体和菱形十二面体所组成的聚形。在水热条件下，可以合成 Cu_2O 立方体、八面体等结晶形态，几乎不溶于水，与氨水溶液、浓氢卤酸形成络合物而溶解，极易溶解于碱性水溶液。Cu_2O 在干燥的空气中十分稳定，但是在湿润的空气中可以逐渐被氧化为黑色 CuO。Cu_2O 遇到酸性溶液会发生歧化反应，生成二价铜和单质铜。

Cu_2O 是一种已经得到广泛应用的可见光响应的光催化材料，且无毒无害，制备过程简单，价格低廉。其禁带宽度为 2.0eV，相应的理论光电流可达 14.7mA/cm^2。Cu_2O 能带位置合适，能够发生产氢反应，但是也会由于自身产生的光生电子和空穴，导致自腐蚀现象的发生。近些年，Cu_2O 在光解水制氢、二氧化碳还原、光降解及太阳能电池等领域有很好的应用。然而，由于自身光腐蚀的原因，Cu_2O 的光催化效率及其稳定性较差，从而限制了其整体性能。

人们已经探索了各种提高 Cu_2O 光催化剂活性和稳定性的策略，包括形貌和结构控制、控制粒径、调节反应环境和构建异质复合材料等。例如，Xiong 等研究表明，与 Cu_2O 微粒相比，Cu_2O 纳米颗粒更容易受到光腐蚀的影响。Toe 等表明使用适当的溶剂不仅可以抑制光腐蚀的发生，而且可以增强光催化活性。Xia 等报道，由于 p-n 异质结的形成，n-$SrTiO_3$/p-Cu_2O 异质结复合材料在光降解过程中表现出良好的稳定性和可回收性。但是，由于薄膜和粉末的性质截然不同，关于光电催化水分解过程中 Cu_2O 薄膜光电阴极稳定性的机理值得深入研究，这不仅有助于对 Cu_2O 光电阴极稳定性的全面理解，而且对 Cu_2O 电极光电催化分解水的实际应用具有重要意义。

本章重点介绍利用表面等离子共振效应（SPR）和助催化剂协同增强 Cu_2O 光电极催化性能的方法和机理，并深入研究 Cu_2O 光电极的光腐蚀机制及改善其光电化学稳定性的策略。

7.2 $Au/Cu_2O/Pt$ 光电极的制备及光电性能研究

利用 Au 和 Pt 双助催化剂对 Cu_2O 光阴极进行改性，是一种实现 Cu_2O 光阴极高效 PEC 水分解的新概念和新策略。当三元 $Au/Cu_2O/Pt$ 复合材料在光照下激发时，Au 层将作为等离子体光敏剂，能有效增加光的捕获效率，并产生热电子注入 Cu_2O 的导带中，同时 Pt 层能捕获电子促进光生电子转移。Cu_2O 光阴极上空间分离的 Au、Pt 纳米层的助催化作用，最终抑制了 Cu_2O 纳米薄膜中的电荷复合，提高了 Cu_2O 光电阴极的光电催化活性。

7.2.1 $Au/Cu_2O/Pt$ 光电极的制备

1. Au 层的沉积

采用离子束溅射沉积法将 Au 层直接沉积在掺氟氧化锡（FTO）透明导电玻璃基板表面，沉积速率为 0.03nm/s，金层的厚度控制在 10nm。

2. Cu_2O 纳米颗粒的制备

以乳酸（$C_3H_6O_3$）为螯合剂，在乳酸稳定的碱性硫酸铜溶液中，通过电化学沉积法在 FTO/Au 衬底上沉积 Cu_2O 薄膜，溶液温度保持在 35℃。电沉积 Cu_2O 薄膜过程中外加电压为 −0.5V（vs Ag/AgCl），沉积时间为 5~30min。所得薄膜用蒸馏水和无水乙醇冲洗数次以去除杂质离子，然后在空气中自然干燥。

3. Pt 助催化剂的制备

采用电化学沉积方法制备 Pt 助催化剂层。将 Au/Cu_2O 基底浸入 0.5 mM 的 H_2PtCl_6 电解液中，外加电压为 −0.35V（vs Ag/AgCl）时，沉积时间为 60~180s。

图 7-1 为 $Au/Cu_2O/Pt$ 复合材料的制备工艺示意图。首先，采用离子束溅射（IBS）方法在 FTO 导电玻璃衬底上直接沉积厚度为 10nm 的 Au 中间层，它是一种等离子体光敏剂，可以增强太阳光吸收效率，提高光能转化效率。随后，采用电

化学沉积法在 FTO/Au 基底上分别制备 Cu$_2$O 薄膜和 Pt 外层。通过控制沉积时间，可以得到不同厚度的 Cu$_2$O 和 Pt 薄膜。

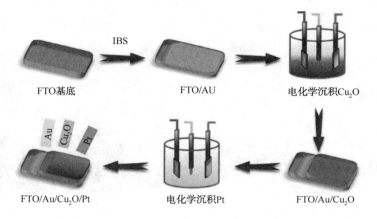

图 7-1　Au/Cu$_2$O/Pt 复合材料制备工艺示意图

7.2.2　Au/Cu$_2$O/Pt 光电极的形貌及物相表征

为了研究空间分离的 Au 和 Pt 纳米层对 Cu$_2$O 的协同催化作用，我们通过改变电沉积时间和 CuSO$_4$ 前驱体溶液浓度制备了不同的 Cu$_2$O 光电极并对其电化学测试分析，发现在 0.10M CuSO$_4$ 溶液中电化学沉积 30min 制备的 Cu$_2$O 薄膜具有更好的光电催化性能。

图 7-2 为 Cu$_2$O 和 Au/Cu$_2$O/Pt 复合光电极的 SEM 图片。单一 Cu$_2$O 光电极具有致密的表面结构，膜厚约 620nm[图 7-2(c)]。图 7-2(b)、图 7-2(d) 所示为 Au/Cu$_2$O/Pt 复合材料的表面和截面形貌，厚度约为 170nm 的 Pt 纳米粒子层致密均匀。相应的 EDS 元素分布图[图 7-2(e)]表明 Au 和 Pt 助催化剂层的形成。

图 7-3 为 Cu$_2$O 和 Au/Cu$_2$O/Pt 光电极的 X 射线衍射谱。图中 26.48°、33.74°、51.56°对应 FTO 衬底上的 SnO$_2$(JCPDS 77-0452)衍射峰。除此之外，X 射线衍射分析表明，Cu$_2$O 薄膜为立方相结构(JCPDS 03-0898)，沿(200)晶面择优取向生长。在 Au/Cu$_2$O/Pt 复合光电极的 X 射线衍射谱图中，金和铂纳米粒子沉积后，2θ 值分别为 38.2°和 39.7°的(111)面分别对应 Au(JCPDS 01-1172)和 Pt(JCPDS 65-2868)的衍射峰，与 Cu$_2$O 薄膜相比，Au、Pt 衍射峰强度较弱，表明 Au 和 Pt 含量较低。

为了更好地了解 Au/Cu$_2$O/Pt 复合材料的微观结构，样品的透射电镜照片如

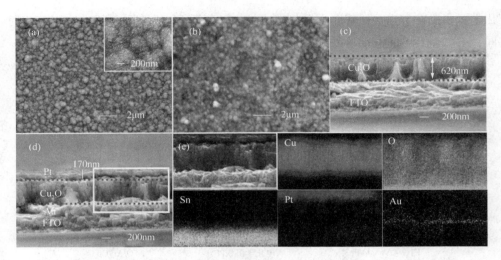

图 7-2　Cu_2O 和 $Au/Cu_2O/Pt$ 复合材料的 SEM 图像以及 $Au/Cu_2O/Pt$
薄膜截面的元素分布图像

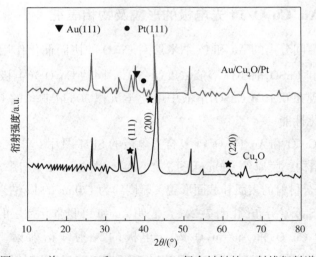

图 7-3　单一 Cu_2O 和 $Au/Cu_2O/Pt$ 复合材料的 X 射线衍射谱

图 7-4 所示。低倍 TEM 图像[图 7-4(a)]清楚地表明 Pt 纳米粒子覆盖在 Cu_2O 电极的表面，与 SEM 结果一致。图 7-4(b)中的高分辨透射电镜（HRTEM）图片显示，0.211nm 和 0.260nm 的晶格条纹分别对应于 Cu_2O 和 Pt 的（200）面和（111）面。图 7-4(c)中晶格间距为 0.235nm 的条纹应为 Au 的（111）面，金以平均直径约 5nm 的纳米颗粒形式存在。样品的元素分布图像和 EDS 能谱分析进一步表明 Cu、O、Pt 和 Au 元素的存在。

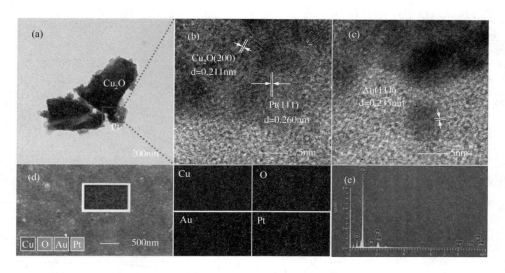

图 7-4　Au/Cu$_2$O/Pt 复合材料的 TEM 和 HRTEM 图片以及

Cu、O、Au、Pt 的元素分布图像和 EDS 能谱图

图 7-5 所示为 Cu$_2$O 基光电极的紫外-可见光吸收光谱和光电催化性能测试曲线。如图 7-5(a) 所示，所有样品 Cu$_2$O、Cu$_2$O/Pt、Au/Cu$_2$O 和 Au/Cu$_2$O/Pt 在约 600nm 的光谱处显示出明显的光吸收，对应 2.08eV 的带隙，与文献报道相一致。值得注意的是，Au/Cu$_2$O 和 Au/Cu$_2$O/Pt 复合材料在光波长 500nm 以上有明显的宽吸收，特别是在波长 520~600nm 范围内。这应该是由于金纳米颗粒产生的表面等离子体共振(SPR)效应引起的。图 7-5(b) 为 Cu$_2$O 基光电极的线性扫描伏安曲线。在 0.57V(vs RHE) 下，光电极表现出明显的阴极光电流；在 0V vs RHE 下，Au/ Cu$_2$O/Pt 复合材料的光电流密度达到 $-3.55\text{mA} \cdot \text{cm}^{-2}$，比纯 Cu$_2$O($-0.63\text{mA} \cdot \text{cm}^{-2}$) 增加约 4.63 倍。图 7-5(c) 为样品的光电转换效率(IPCE)。在 Cu$_2$O 薄膜上引入 Au 和 Pt 层后，与单一 Cu$_2$O 相比，样品的光电转换效率显著提高，与光电流密度曲线相符。在 500~600nm 光谱范围内，与单一 Cu$_2$O 电极相比，Au/Cu$_2$O 和 Au/Cu$_2$O/ Pt 光电极的光电转换效率明显增加，这进一步证实了金纳米颗粒的 SPR 效应可以增强光吸收效率。此外，在 0V vs RHE 下对光电阴极的稳定性进行测试，其结果如图 7-5(d) 所示。随着光照时间的增加，单一 Cu$_2$O 薄膜的光电流显著下降，在 70min 内下降了 59%。造成这一现象的原因主要有两个：一是 Cu$_2$O 本身具有较高的电荷复合速率，二是 Cu$_2$O 在光电催化水分解过程中容易发生光腐蚀效应。而在复合了 Au、Pt 助催化剂之后，Au/Cu$_2$O/Pt 光电阴极表现出更好的光电化学稳定

性。其原因在于：外层 Pt 层作为电子收集器，能够实现光生电子的快速转移，并且作为保护层，有效地防止了 Cu_2O 层的光电化学腐蚀。

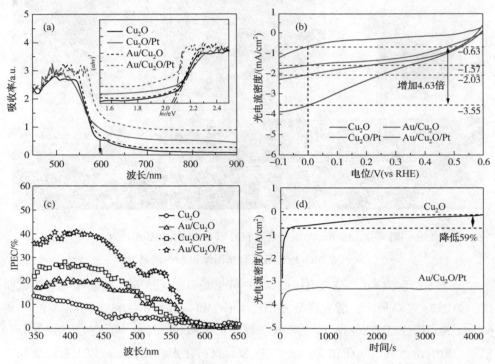

图 7-5 Cu_2O、Cu_2O/Pt、Au/Cu_2O 和 $Au/Cu_2O/Pt$ 光电极的
紫外-可见光吸收光谱和光电催化性能表征

    为了进一步研究金纳米颗粒的 SPR 效应和 Pt 的表面电子收集效应，我们进行了表面光电压（SPV）测试。如图 7-6（a）所示，当光从电极正面照射时，表面光电压谱在整个波长范围内显示负响应，这表明光生电子转移到 Cu_2O 表面，且 Cu_2O 薄膜的 SPV 响应阈值约为 600nm，这与图 7-6（a）中 Cu_2O 薄膜的光吸收谱一致。当 Cu_2O 薄膜与 Pt 层复合时，其 SPV 信号显著增强，为纯 Cu_2O 薄膜的 6.6 倍，表明在 Pt 诱导的界面电场作用下，大量光生电子在薄膜表面聚集。这种明显的增强表明，位于 Cu_2O 表面的 Pt 纳米颗粒层可以作为电子集电极，实现快速的电荷分离。图 7-6（c）为 $Au/Cu_2O/Pt$ 复合材料在光照下的 SPV 信号，其光电压略低于 Cu_2O/Pt 光电极。就 $Au/Cu_2O/Pt$ 复合材料的正面光照而言，Au 纳米颗粒的 SPR 效应可能无法被很好地激发，甚至作为电子俘获陷阱导致电荷复合。图 7-7 为 Cu_2O/Pt 和 $Au/Cu_2O/Pt$ 光电极在背入射光照条件下的表面光电压测试曲线。从图中可以看出，

表面光电压信号为正，这意味着大量的光生空穴迁移到入射光一侧。同时，光生电子在 Pt 层上积累，可用于光电催化制氢。将 Au/Cu$_2$O/Pt 与 Cu$_2$O/Pt 光电极进行比较，可以看出 Au/Cu$_2$O/Pt 具有较强的 SPV 信号，特别是 500~600nm 的 SPV 信号，这源于 Au 纳米颗粒的 SPR 效应。这表明 Au/Cu$_2$O/Pt 复合光电极的背入射光照可以显著地激发 Au 的 SPR 效应。综上所述，Au 的 SPR 效应和 Pt 的电子俘获能力是 Au/Cu$_2$O/Pt 三元复合光电极光生电荷分离和转移的主要驱动力。

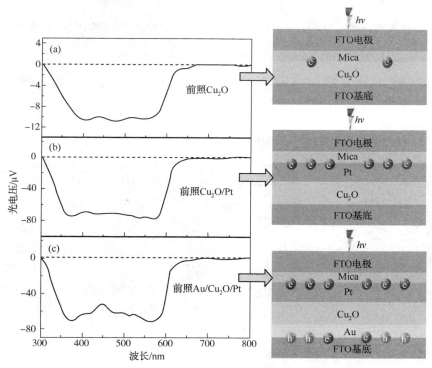

图 7-6　正面照射时 Cu$_2$O 基系列光电极的表面光电压谱

图 7-8 所示为不同 Pt 沉积时间制备的 Cu$_2$O/Pt 光电极的 SEM 图片及其光电流密度曲线。随着沉积时间的增加，Pt 层厚度逐渐增大。从光电流密度曲线可以看出，随着沉积时间的增加，光电流密度呈现先增大后减小的趋势。与纯 Cu$_2$O 光电极相比，所有 Cu$_2$O/Pt 样品的光电流密度都有较大的提升，这应该是由于 Pt 纳米颗粒能够实现光生电子的快速转移，从而抑制 Cu$_2$O 光电极的载流子复合。众所周知，Pt 纳米粒子是一种有效的析氢助催化剂，可以促进光生电荷的分离和转移，从而实现高效的光电催化分解水行为。因此，采用 Pt 层作为电子集电极，促进光生电子转移，能够有效提高 Cu$_2$O 的光电催化性能。

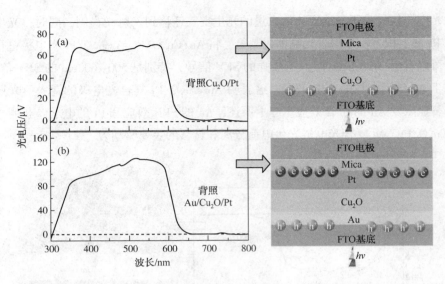

图 7-7　背面照射时 Cu_2O/Pt 和 $Au/Cu_2O/Pt$ 复合材料的表面光电压谱

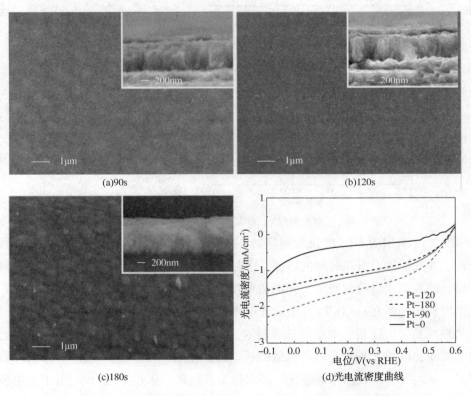

图 7-8　不同 Pt 沉积时间制备的 Cu_2O/Pt 光电极的 SEM 图片及其光电流密度曲线

图 7-9 所示为 Cu_2O、Au/Cu_2O、Cu_2O/Pt 和 $Au/Cu_2O/Pt$ 复合光电阴极的电化学阻抗谱及其等效电路。其中 R_s 表示串联电阻，R_{trap} 表示光生电子被捕获产生的电阻，R_{ct} 表示电极表面/电解液的电荷转移电阻。等效电路中还包括电极内部空间电荷区的体电容（CPE_{bulk}）和少数载流子形成的表面电容（CPE_{SS}）。$Au/Cu_2O/Pt$ 三元复合材料的阻抗表现出最小的圆弧，代表了最小的界面转移电阻，这进一步说明空间分离的 Au 和 Pt 层降低了电极界面的电荷转移势垒，提高了单一 Cu_2O 电极的光电催化活性。

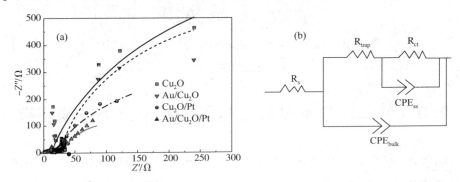

图 7-9　Cu_2O 基系列光电极的电化学阻抗谱及其等效电路图

贵金属（特别是金）的引入是提高金属氧化物半导体可见光吸收的常用等离子体光敏剂，而 Pt 纳米颗粒可作为有效的析氢助催化剂。因此，我们在 Cu_2O 光电阴极的底层和顶面分别饰有超薄的 Au 层和 Pt 层（图 7-10），来发挥 Au 和 Pt 的协同优化作用。当 $Au/Cu_2O/Pt$ 复合材料受背光激发时，光生电子从 Cu_2O 的价带（VB）产生并迁移到其导带（CB）；同时，在光照作用下，金纳米颗粒的表面等离子体光激发效应产生的热电子注入到 Cu_2O 的导带中。当 Pt 纳米颗粒沉积在 Cu_2O 表面时，由于 Pt（5.65eV）的功函数高于 Cu_2O（5.27eV），在 Pt 和 Cu_2O 之间形成了一个肖特基势垒。电子从 Cu_2O 转移到 Pt 过程中将会形成一个内电场，并参与水还原反应生成 H_2；此外，Cu_2O 的费米能级下降，Pt 的费米能级上升，导致能带弯曲。这种新的能带排列形式将降低电荷转移势垒，进一步加速电子-空穴对的分离，最终促进光电催化分解水反应。因此，$Au/Cu_2O/Pt$ 复合体系光电催化性能的提升是由空间分离的 Au 和 Pt 层的协同效应实现的，即 Au 层由于 SPR 效应而具有较强的光吸收能力，Pt 层具有对 Cu_2O 薄膜的保护作用并能实现光生电子的快速转移。该研究表明，利用助催化剂与半导体的结合开发高性能光电极具有重要的应用前景。

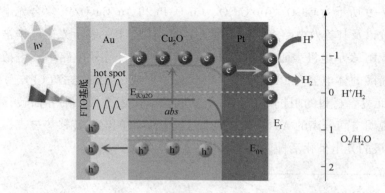

图 7-10　Au/Cu$_2$O/Pt 复合光电极在催化分解水过程中的
电荷分离与转移示意图

7.3　Al/Cu$_2$O/NiS 光电极的制备及光电性能研究

虽然 Au 和 Pt 的协同效应能显著增强 Cu$_2$O 电极的光电催化性能，但 Au 和 Pt 的成本较高，不利于 Cu$_2$O 光电极的广泛应用。因此，我们设计并制备了 Al/Cu$_2$O/NiS 三元光电极，由 Al 和 NiS 替代贵金属 Au 和 Pt，利用 Al 纳米颗粒的表面等离子体共振效应和 NiS 在电子快速转移方面的优势，协同促进 Al/Cu$_2$O/NiS 电极的光电催化性能。Al NPs 不仅能够使表面等离子体光激发产生的热电子注入 Cu$_2$O 的导带，而且可以将 SPR 能量从深紫外区调控到可见光区。NiS NPs 可以促进光生电荷的快速分离。二者的协同效应降低了 Cu$_2$O 光电阴极的载流子复合概率，提高了其光电催化性能。Al/Cu$_2$O/NiS 电极的光电流密度比纯 Cu$_2$O 的光电流提高了 8 倍，该工作为设计高效、经济的光电催化分解水电极提供了新的指导。

7.3.1　Al/Cu$_2$O/NiS 光电极的制备

首先，采用磁控溅射法在 FTO 透明导电玻璃基片上沉积一层 Al 薄膜，铝层厚度控制在约 10nm。然后，在 0.4 M 硫酸铜（CuSO$_4$）水溶液和 3 M 乳酸（C$_3$H$_6$O$_3$）组成的碱性水溶液中，通过电化学沉积法在 FTO 和 FTO/Al 衬底上分别制备 Cu$_2$O 纳米薄膜，调节溶液 pH 值为 10，沉积电位为 -0.5V（vs Ag/AgCl），沉积时间为 5min，沉积后用去离子水冲洗，自然干燥得到了纯 Cu$_2$O 薄膜和 Al/Cu$_2$O 复合薄膜材料。之后，采用连续离子层反应法（SILAR）制备了 NiS 纳米粒子。在合成过程中，分别制备了 0.01M 氯化镍水溶液和 0.01M 硫化钠水溶液作为阳离子和阴离子溶液，提供 Ni^{2+} 和 S^{2-} 源。将 Cu_2O 和 Al/Cu_2O 试样依次浸入 Ni^{2+} 溶液、去离子水、S^{2-} 溶液和去离子水中 10 个循环。在每个循环中，用去离子水冲洗样品以去除多余的吸附离子，然后在下一次浸渍之前干燥。最终，我们得到了 Cu_2O/NiS 和 $Al/Cu_2O/NiS$ 复合薄膜，其合成工艺流程图如图 7-11 所示。

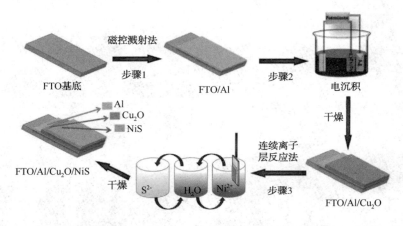

图 7-11　FTO/Al/Cu_2O/NiS 光电阴极合成工艺示意图

7.3.2　Al/Cu_2O/NiS 光电极的形貌及物相表征

图 7-12 为 Cu_2O 和 Al/Cu_2O/NiS 的 XRD 图谱。图中 Cu_2O 对应曲线中除了四方相 SnO_2（JCPDS No.77-0452）的衍射峰，位于 36.5°、42.2° 和 61.3° 处的衍射峰分别对应立方相 Cu_2O（JCPDS No.03-0892）的（111）（200）和（220）晶面。

从衍射峰的强度可以看出，Cu_2O 薄膜具有明显的（111）取向。在 Al/Cu_2O/NiS 复合光电极的 XRD 图谱上，除了 SnO_2 和 Cu_2O 的衍射峰，在 34.4° 和 45.6° 处出现了两个衍射峰，经过分析，这是六方相（JCPDS No.77-1624）NiS 的衍射峰，应该是 NiS 纳米颗粒分散在 Cu_2O 表面所致。

图 7-13 所示为 Cu_2O 薄膜的 SEM 图像，沉积为 5min。可以发现，Cu_2O 呈致密的立方结构，直径约为 100nm，厚度约为

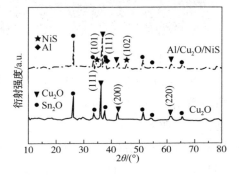

图 7-12　Cu_2O 和 Al/Cu_2O/NiS 的 XRD 图谱

150nm。图 7-13(c)、图 7-13(d)为 Al/Cu$_2$O/NiS 复合薄膜的 SEM 图片。从薄膜截面的元素分布可以看出,Al 层和 NiS 层分布在 Cu$_2$O 薄膜的两侧,且 NiS 纳米颗粒均匀地分布在 Cu$_2$O 表面,薄膜厚度略有增加。

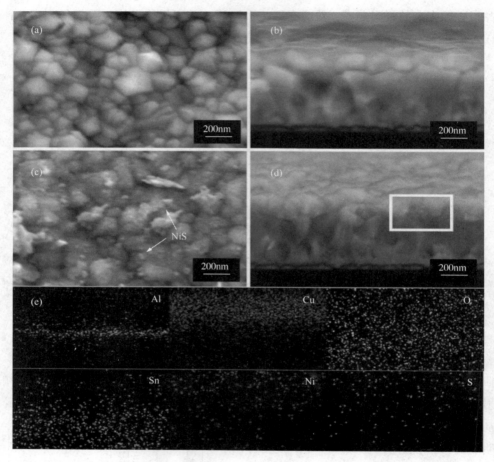

图 7-13　Cu$_2$O(a,b)和 Al/Cu$_2$O/NiS(c,d)复合材料的 SEM 图片及元素分布图

　　图 7-14 为 Al/Cu$_2$O/NiS 复合材料的 TEM 和 HRTEM 图像。从图 7-14(a)中可以看出,NiS 纳米颗粒均匀地分布在 Cu$_2$O 表面,与 Cu$_2$O 紧密接触。这种界面连接可以改善界面电荷传输和迁移,抑制光生载流子复合,极大地提升材料的 PEC 性能。根据高分辨 TEM 图片可以确定,0.246nm 的晶格间距与立方 Cu$_2$O 的(111)晶面一致,而 0.198nm 的晶格条纹间距对应于 NiS 纳米颗粒的(102)晶面。图 7-14(b)中还给出了另一侧 Al 纳米颗粒的 HRTEM 图像,间距为 0.234nm 的晶格平面对应 Al 的(111)平面,在 Al 外表层上形成了厚度小于 2nm 的非晶态

Al$_2$O$_3$ 超薄层，这是铝纳米颗粒自然氧化的结果。图 7-14(b) 插图所示为样品的选区电子衍射(SAED)图片，表明 Al/Cu$_2$O/NiS 复合材料的多晶特性。以上结构和形貌表征表明，我们已成功制备了 Al/Cu$_2$O/NiS 复合光电极材料。

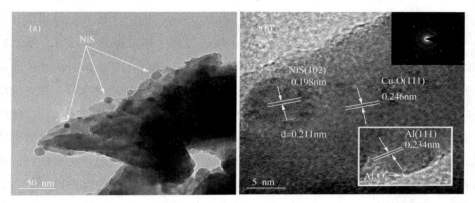

图 7-14　Al/Cu$_2$O/NiS 复合材料的 TEM 和 HRTEM 图片

图 7-15 为 Cu$_2$O 基系列样品的紫外-可见光吸收光谱。从图中可以看出，Cu$_2$O 薄膜的吸收边位于 600nm，对应 2.03eV 的带隙，在负载 NiS 纳米颗粒后，其吸收边呈现一定的红移，且光吸收强度明显增强，这意味着 NiS 助催化剂的修饰可以增加 Cu$_2$O 的可见光吸收，有利于光电催化分解水的进行。由于 SPR 效应和电磁场极化的影响，Al/Cu$_2$O 和 Al/Cu$_2$O/NiS 复合材料的等离子体吸收峰位于 560nm 处，导致光吸收强度明显增加。图 7-15 插图为 Al 膜的紫外-可见光吸收曲线，它显示了 Al 薄膜在 560nm 左右的等离子体吸收峰和紫外区域较高的光吸收率。

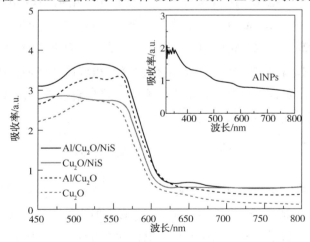

图 7-15　Cu$_2$O 基系列样品的紫外-可见光吸收光谱

图 7-16 所示为 Al/Cu₂O/NiS 系列样品的光电性能测试结果。在 0.1M Na₂SO₄溶液中，采用标准的三电极方法测试了样品的 PEC 性能，如图 7-16(a)所示，Cu₂O 光电极在 0V(vs RHE)下的光电流很小，仅为-0.57mA/cm^2，表明 Cu₂O 无法满足实际应用。Al/Cu₂O 和 Cu₂O/NiS 在 0V(vs RHE)下的光电流密度分别为-3.05mA/cm^2和-2.35mA/cm^2，表明 Al 层的等离子体共振效应和 NiS 纳米颗粒的沉积有利于电荷的分离和转移。在 0V(vs RHE)处，Al/Cu₂O/NiS 复合薄膜的光电流密度达到-5.16mA/cm^2，约为 Cu₂O 薄膜的 8 倍。这表明引入具有 SPR 效应的 Al 纳米颗粒和能够快速捕获 Cu₂O 导带上转移电子的 NiS 纳米颗粒，能够协同促进光吸收效率和光生电子与空穴的分离效率，从而提高光电极的水分解性能。图 7-16(b)为背面和正面光照时 Al/Cu₂O/NiS 光电极的光电流密度曲线，正面光照时阴极光电流在 0V(vs RHE)时为-4.26mA/cm^2，略低于背面照射时获得的光电流密度。这说明背向照射可以更好地激发 Al 纳米颗粒的 SPR 效应，而正面照射不能或只能部分激发 Al 纳米颗粒的 SPR 效应。因此，Al/Cu₂O/NiS 复合薄膜的背面光入射是最佳实验条件。图 7-16(c)所示为瞬态光电流密度-时间(I-T)曲线，在黑暗条件下所有电极的光电流密度几乎可以忽略，但在光照条件下，光电流密度迅速上升，表明光电极的 PEC 水分解是由光吸收产生的。

图 7-16(d)所示为样品的电化学阻抗谱(EIS)，揭示了表面电荷转移效率提高的根本原因，其中插图是简化的等效电路图。图中 R_s、R_{trap} 和 R_{ct} 分别代表电路的串联电阻、光生电子被捕获产生的电阻以及 Cu₂O 或 NiS 与电解液的界面电荷转移电阻。通常，电化学阻抗谱上的弧半径越小，电荷扩散动力学就越有效。如图 7-16(d)所示，Al/Cu₂O/NiS 复合光电极在光照下的半径最小，表明其电荷转移动力学最为高效。Al/Cu₂O 和 Cu₂O/NiS 的弧半径均比 Cu₂O 的弧半径小，说明 Al 层和 NiS 纳米颗粒的修饰对提高电荷的分离和转移具有重要作用。

此外，为了定量评估所制备光电极的光电催化分解水效率，我们采用如下公式计算了外加偏压光电转换效率(ABPE)：

$$\text{ABPE} = J \times \frac{E_{\text{H}^+/\text{H}_2} - E_{\text{RHE}}}{P_{\text{light}}} \times 100\% \qquad (7\text{-}1)$$

式中，J 为光照条件下的光电流密度，mA/cm^2；$E_{\text{H}^+/\text{H}_2}$ 为析氢反应的电位，0V(vs RHE)；E_{RHE} 为施加的外部偏压，V；P_{light} 为入射光的强度，100mW/cm^2。

如图 7-17(a)所示，Al/Cu₂O/NiS 光电极在 0.37V(vs RHE)下的最佳光电转

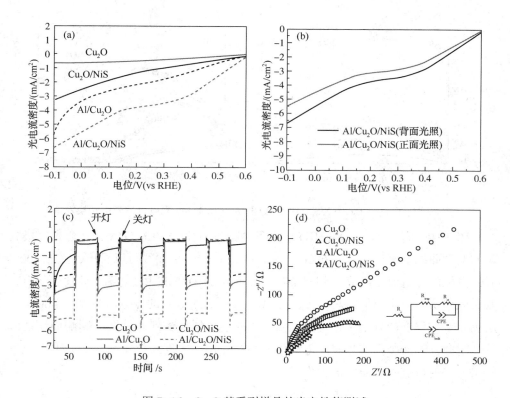

图 7-16 Cu$_2$O 基系列样品的光电性能测试

(a，b)样品的线性扫描伏安曲线；(c)样品的瞬态光电流密度-时间曲线；

(d)样品的电化学阻抗分析

化效率为 1.12%，而纯 Cu$_2$O、Cu$_2$O/NiS 和 Al/Cu$_2$O 的光电转化效率分别为 0.10%、0.27%和 0.53%。图 7-17(b)所示为 0V(vs RHE)下光电极的入射光子-电流转换效率(IPCE)，用以评估不同波长的单色光对电流密度的贡献。IPCE 根据如下公式计算：

$$\text{IPCE} = 1240 \times |J_{\text{pH}}| / (\lambda \times P_{\text{light}}) \qquad (7-2)$$

式中，λ 为单色光的波长，nm。

经过 Al 和 NiS 层的修饰改性，Al/Cu$_2$O/NiS 光电极的 IPCE 值显著提高，在 560nm 入射光照射下，光电转换效率约为 48.50%，分别是 Cu$_2$O(约 8.50%)、Cu$_2$O/NiS(约 25.70%)和 Al/Cu$_2$O(约 33.60%)的 5.70 倍、1.88 倍和 1.44 倍。IPCE 值的显著增加，表明 Al 和 NiS 双助催化剂对提高 Cu$_2$O 的 PEC 性能具有重要作用。

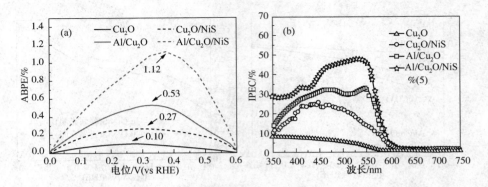

图 7-17　Cu_2O、Cu_2O/NiS、Al/Cu_2O 和 $Al/Cu_2O/NiS$ 光电极的光电转换效率

图 7-18 所示为 0V(vs RHE) 条件下 Al/Cu_2O 和 $Al/Cu_2O/NiS$ 复合光电极材料的 I-T 曲线，测试时间为 6000s。由 Al/Cu_2O 的 I-T 曲线可以看出，光照 4000s后，电极的光电流密度衰减超过 60%，而 $Al/Cu_2O/NiS$ 由于电荷转移速度较快，其衰减率明显减小(约 40%)。此外，$Al/Cu_2O/NiS$ 电极的光电流密度在 4000s 以后仍有一定程度的减小，这可能是由于 NiS 纳米颗粒受到光腐蚀的影响而性能降低。因此，如何削弱或克服光电极的光腐蚀作用，实现高效、稳定的光电催化分解水，是值得进一步研究的工作。

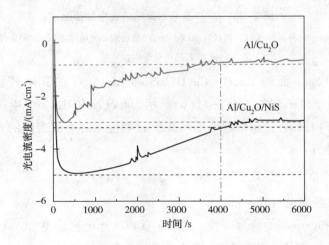

图 7-18　Al/Cu_2O 和 $Al/Cu_2O/NiS$ 复合光电极的
光电流密度-时间(I-T) 曲线

7.4 FeOOH/Cu₂O/Pt 薄膜光电极的制备及其催化活性研究

7.4.1 FeOOH/Cu₂O/Pt 薄膜光电极的制备

（1）采用电化学沉积法在 FTO 衬底上制备 FeOOH 层：在 0.1M 氯化亚铁（$FeCl_2 \cdot 4H_2O$）水溶液中以恒电位 1.2V（vs Ag/AgCl）进行电沉积 30min，得到 FeOOH/FTO。

（2）通过电沉积方法将 Cu₂O 薄膜负载在 FeOOH/FTO 基片上：使用 3M 乳酸（$C_3H_6O_3$）稳定的 0.1M 硫酸铜的碱性溶液作为电解质，沉积温度为 35℃，溶液 pH 为 10，以确保 Cu₂O 为 p 型。以 -0.5V（vs Ag/AgCl）的偏压电沉积 Cu₂O 膜 20min，通过去离子水和乙醇冲洗以去除杂质离子，然后在空气中自然干燥，获得 Cu₂O 样品。

（3）采用电化学沉积方法制备 Pt 助催化剂层：在上述样品基础上，以 0.5 mM $HPtCl_6$ 溶液为电解液，在 -0.35V（vs Ag/AgCl）电化学沉积 120s 得到 FeOOH/Cu₂O/Pt 薄膜光电极。

7.4.2 FeOOH/Cu₂O/Pt 薄膜光电极的结构与性能表征

采用扫描电子显微镜（JEOL JSM-7800 F）分析样品的形貌特征，使用透射电子显微镜（JEOL JEM-2100）观察样品的微观结构。通过 X 射线衍射（Rigaku-D/max-2500）研究了样品的相结构和结晶度，通过 X 射线光电子能谱（ESCALAB 250Xi）和能量色散谱来研究表面化学成分和元素成分，DU-8B 紫外可见双光束分光光度计记录了紫外可见吸收光谱。

样品的光电催化活性通过三电极电化学测试系统表征，其中样品作为工作电极，铂（Pt）电极作为对电极和饱和 Ag/AgCl 作为参比电极。光电化学测试的电解质为 0.1M Na_2SO_4 水溶液，照明光源是氙气灯。根据能斯特方程 $E_{RHE} = E_{Ag/AgCl} + 0.0591 \times pH + E'_{Ag/AgCl}$，将相对于 Ag/AgCl 参比电极测得的电势转换为可逆氢电极（RHE）标度。表面光电压（SPV）的测量使用表面光电压谱仪（PL-SPS/IPCE1000）进行。

图 7-19 所示为上述电沉积方法制备的 Cu₂O 薄膜的 SEM 图片。Cu₂O 纳米颗

粒(NGs)的平均直径约为 200nm，薄膜具有致密的结构，其厚度约为 800nm。X
射线衍射(XRD)谱表明形成了立方相结构 Cu_2O 薄膜。EDS 能谱分析进一步证明
成功制备了 Cu_2O 光电极。

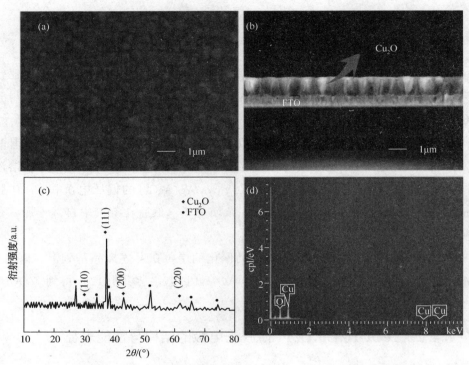

图 7-19　电化学沉积制备 Cu_2O 薄膜的结构和微观形貌

　　图 7-20 所示为 Cu_2O 薄膜的光吸收谱和光电催化性能表征。由图 7-20(a)可
知，Cu_2O 的吸收峰约为 600nm，其对应的光学带隙约为 2.08eV，这是典型的
Cu_2O 带隙。图 7-20(b)所示为 Cu_2O 薄膜的线性扫描光电流曲线，在 0V vs RHE
产生明显的光电流密度为 $-0.66mA/cm^2$。此外，Cu_2O 光电阴极在瞬态光电流测
试中显示出良性的光响应行为，表明电荷的快速产生和传输，如图 7-20(c)所
示。图 7-20(d)为 Cu_2O 电极的光电化学稳定性测试。在连续 1h 测试条件下，
Cu_2O 光电阴极在整个窗口中都呈现连续下降的趋势，直到稳定的平台达到约$-$
$0.25mA/cm^2$ 的光电流密度，比初始光电流降低了 61.8%。光电流下降的原因可
能是由于 Cu_2O 薄膜在光电反应过程中发生了自氧化或自还原，导致 Cu_2O 转化
为 CuO 和 Cu。其化学转化过程如下：

$$Cu_2O+H_2O+2e^-\rightarrow 2Cu+2OH^- \tag{7-3}$$

$$Cu_2O+2OH^-\rightarrow 2CuO+H_2O+2e^- \tag{7-4}$$

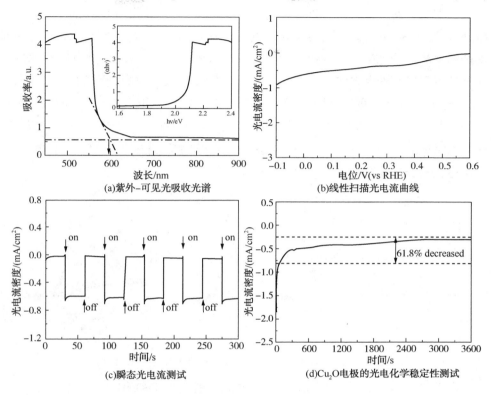

图 7-20 Cu_2O 薄膜的光吸收谱和光电催化性能表征

为了验证上述原因，在光腐蚀稳定性测试前后，对相同的 Cu_2O 阴极进行了 X 射线衍射（XRD）分析，其结果如图 7-21（a）所示。从 XRD 衍射谱分析，Cu_2O 光电阴极在两种条件下均显示出良好的结晶度。特别地，与稳定性测试之前的样品相比，稳定性测试之后样品中出现了两个明显的衍射峰，分别位于 35.5°和 38.7°，对应于单斜晶相 CuO（JCPDS 80-1917）的（002）和（111）晶面。为了进一步理解 Cu_2O 薄膜的光腐蚀机理，我们通过 X 射线光电子能谱分析了 Cu_2O 光阴极在稳定性测试前后的元素组成和结合能。在进行稳定性测试之前，在样品的光电子能谱中，位于 932.1eV 的结合能峰对应于 $Cu^+(2p_{3/2})$，来自 Cu_2O 薄膜。而稳定性测试后样品的 XPS 能谱[图 7-21（b）]表现出不同的特征峰，其中 934.4eV 的结合能峰对应于 Cu^{2+} 的增强峰，这是明显的 CuO 的特征。另外，由于

Cu 和 Cu_2O 的结合能非常接近且仅相差 0.1eV，因此认为 Cu 的微弱峰位于 932eV处。根据上述发现，可以合理地推断出，当样品参与光电催化反应时，由于光生空穴的积累，使得在光反应过程中会发生 Cu_2O 自氧化转化为 CuO 的现象，这比 Cu_2O 自还原为 Cu 的现象更为突出。此外，从热力学的角度分析，Cu_2O 导带足够的超电势驱动光生电子的快速转移以进行水还原反应。相反，相对较低的 Cu_2O 价带不足以使光生空穴参与水氧化，从而导致空穴在材料内部的累积。因此，Cu_2O 光电阴极严重腐蚀的根源可归因于聚集的空穴。如何实现空穴的快速转移成为抑制 Cu_2O 光电极光腐蚀的主要因素。在这种情况下，选择 FeOOH 作为 Cu_2O 光电阴极的背接触材料，以加快 Cu_2O 中空穴的转移速度，能够有效抑制 Cu_2O 光电电极的自氧化。

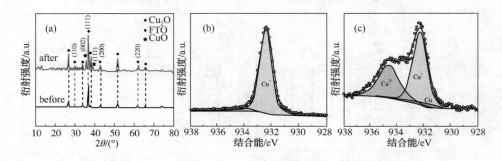

图 7-21 Cu_2O 薄膜稳定性测试前后的 XRD 和 XPS 图谱

图 7-22 所示为电沉积方法在 FTO 衬底上制备的 FeOOH 和 $FeOOH/Cu_2O$ 薄膜材料。通过 EDS 能谱分析，可以清晰地观察到 Cu、O、Fe 的信号；根据元素及其成分分析可知，在样品中形成了 FeOOH。我们通过 XRD 衍射谱对样品结构进行表征，其结果如图 7-23 所示。由于 FeOOH 为无定形结构，所以在 XRD 衍射谱上没有明显的 FeOOH 衍射峰。此外，在沉积 FeOOH 之后，Cu_2O 仍沿(111)平面择优生长，这表明 FeOOH 的引入对 Cu_2O 本身的晶体生长没有影响。为了进一步研究 FeOOH 的表面化学和结合状态，我们对样品进行了 X 射线光电子能谱（XPS）测试，如图 7-23（b）、图 7-23（c）所示。显然，图 7-23（b）中 Fe 2p 的结合能峰分别位于 712.5eV 和 724.7eV 处，对应为 Fe $2p_{3/2}$ 和 Fe $2p_{1/2}$，这与 FeOOH 中 Fe^{3+} 的特征一致。图 7-23（c）中的 O 1s 能谱表明在 531.0eV 和 529.2eV 的两个峰分别对应羟基 OH^- 和氧化物中的 O^{2-}。这些结果进一步证实 FeOOH 成功地制备在 FTO 上。

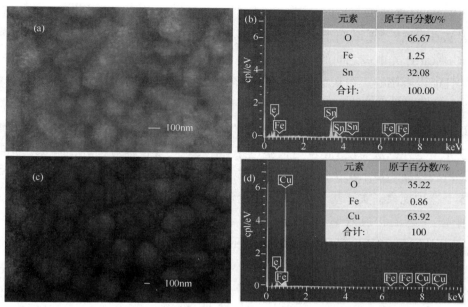

元素	原子百分数/%
O	66.67
Fe	1.25
Sn	32.08
合计:	100.00

元素	原子百分数/%
O	35.22
Fe	0.86
Cu	63.92
合计:	100

图 7-22　FeOOH 和 FeOOH/Cu$_2$O 薄膜材料的 SEM 图片和能谱分析

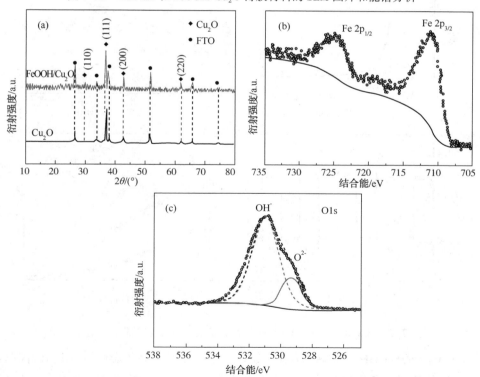

图 7-23　Cu$_2$O 和 FeOOH/Cu$_2$O 薄膜材料的 XRD 图谱及 FeOOH 薄膜的 XPS 图谱

图 7-24 所示为 Cu_2O 和 $FeOOH/Cu_2O$ 薄膜的光吸收谱和光电催化性能分析。引入 FeOOH 后，光电阴极具有和 Cu_2O 薄膜相似的吸收光谱，并且 Cu_2O 和 $FeOOH/Cu_2O$ 光电极之间的吸收能力没有明显差异，表明 FeOOH 对单一 Cu_2O 的光学性能没有影响。在 0.1M Na_2SO_4 电解液中进行光电催化反应，$FeOOH/Cu_2O$ 样品的光电流密度在 0V vs RHE 的情况下可达 $-1.5mA/cm^2$，比纯 Cu_2O 光电极（$-0.66mA/cm^2$）高约 2.3 倍。这种现象很可能是由于引入的 FeOOH 层能有效地俘获光生空穴，从而使 Cu_2O 电极中电子-空穴对实现快速分离和传输。在光照下，所有样品均显示出快速的光电流响应。相反，在暗环境下，光电流强度几乎为零。这种现象证实了基于 Cu_2O 的光电极的快速电荷传输。图 7-24(d) 所示为入射光子-电流转换效率（IPCE）曲线。在 350~600nm 的光谱范围内，与单一 Cu_2O 相比，FeOOH 助催化剂改性 Cu_2O 的 IPCE 值显著提高。

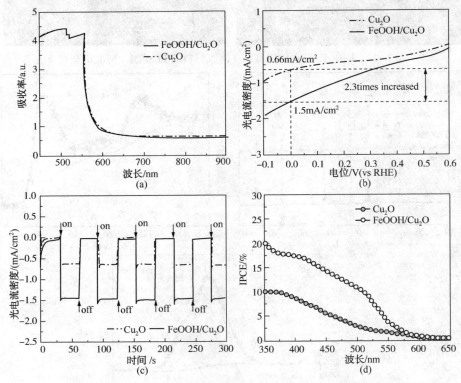

图 7-24　Cu_2O 和 $FeOOH/Cu_2O$ 薄膜的光吸收谱和光电催化性能分析

为了探究 FeOOH 空穴转移层对 Cu_2O 光电催化稳定性的影响，我们在 0V（vs RHE）的条件下对所有样品的光电流稳定性进行了测试，测试时间为 1h，其结果如图 7-25 所示。随着光照时间的增加，Cu_2O 光电阴极的光电流呈现持续下降的趋势，其光电流密度从初始值下降了 61.8%。而 $FeOOH/Cu_2O$ 光电极比 Cu_2O 具有更好的光电催化稳定性，光电流密度降低了 29%。这主要是由于 FeOOH 层的存在抑制了光生空穴的积累，从而在一定程度上阻碍了 Cu_2O 的自氧化。

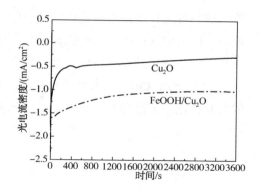

图 7-25 Cu_2O 和 $FeOOH/Cu_2O$ 薄膜的光电化学稳定性测试

为了证实上述结果，在进行了 1h 的光电催化稳定性测试后，通过 XRD 和 XPS 对样品结构和成分进行了测试表征，其结果如图 7-26 所示。对于 Cu_2O 样品，在 35.5° 和 38.7° 处的 XRD 衍射峰对应于 CuO，表明在光电催化过程中，Cu_2O 薄膜发生了氧化形成了 CuO 相。而在 $Cu_2O/FeOOH$ 衍射谱中未发现明显的 CuO 相。图 7-26b 中的 XPS 结果分析表明，在 $FeOOH/Cu_2O$ 光电极中几乎没有 CuO 的峰，FeOOH 层抑制了光生空穴对 Cu_2O 电极的光腐蚀。

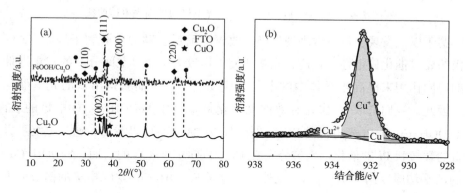

图 7-26 光电催化 1h 后 Cu_2O 和 $FeOOH/Cu_2O$ 光电极的晶体结构和化学价态的变化

表面光电压(SPV)方法是一种行之有效的材料表征技术，可用于研究样品中载流子的扩散和重组过程。在表明光电压测试中，正 SPV 信号表示空穴转移到光电极照射侧的表面，负的 SPV 响应表明电子传递到电极的照射侧。为了进一步证明 FeOOH 层的作用，我们对 Cu_2O 和 $FeOOH/Cu_2O$ 光电极进行了表面光电压测试，如图 7-27 所示。纯 Cu_2O 薄膜显示出弱的正 SPV 信号，表明少量空穴被传输到衬底背面，然后转移到另一侧电极。当引入 FeOOH 实现 Cu_2O 的空穴转移后，FeOOH/Cu_2O 光电极的 SPV 信号强度明显增加。表面光电压信号的强弱关系与空间中分离的电荷量成正比。因此，这些发现表明 FeOOH 的空穴传输能力是实现 FeOOH/Cu_2O 光电极中的光生空穴转移的主要驱动力，这对于提高 Cu_2O 的光电催化稳定性是有利的，也是上述 FeOOH/Cu_2O 电极光电流增加的原因。

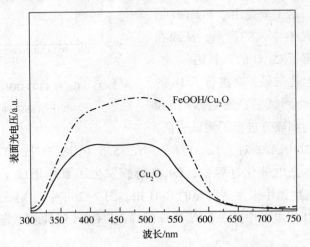

图 7-27　Cu_2O 和 FeOOH/Cu_2O 光电极的表面光电压曲线

鉴于以上发现，可以合理地推断，改善电荷反应动力学有利于提高 Cu_2O 光电极的光电催化稳定性。目前，众多研究工作致力于通过空间分离的双重助催化剂的协同作用来提高半导体中的电荷反应动力学，从而获得出众的光电催化性能。因此，我们选取 Pt 作为有效的助催化剂负载于 FeOOH/Cu_2O 电极的表面。从 FeOOH/Cu_2O/Pt 光电极的 SEM 图像［图 7-28(a)］可以看出，通过电沉积方法制备的颗粒状 Pt 助催化剂均匀分布在 FTO/FeOOH/Cu_2O 的表面。FeOOH/Cu_2O/Pt 膜的平均厚度约为 1.1 μm。此外，通过对 FeOOH/Cu_2O/Pt 电极的横截面进行元素成像，可以清楚地看出 FeOOH 和 Pt 双助催化剂的空间分布（图 7-28）。

为阐明 Pt 和 FeOOH 对 Cu_2O 薄膜光电催化稳定性的影响，我们研究了光照条件下 Pt 和 FeOOH 协同改性的 Cu_2O 薄膜的光电催化稳定性，测试电压为 0V（vs RHE）。在整个测试范围内，FeOOH/Cu_2O/Pt 复合电极呈现出更高的光电流密度，且具有更好的光电化学稳定性，其光电流密度比初始光电流降低了 20%，优于 Cu_2O 和 FeOOH/Cu_2O 光电极（图 7-29）。此外，在 FeOOH/Cu_2O/Pt 复合电极的 XRD 图谱中未发现 CuO 衍射峰［图 7-29(b)］，这表明 FeOOH/Cu_2O 的表面

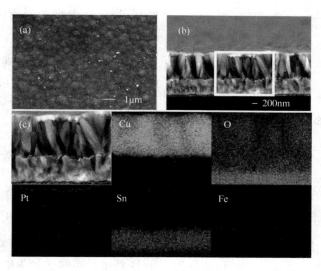

图 7-28 FeOOH/Cu$_2$O/Pt 光电极的 SEM 图像

被 Pt 助催化剂活化，不仅表现出增加的光电流，而且还保护了光电极材料免受水性电解质的影响。此外，FeOOH 能快速转移 Cu$_2$O 中的光生空穴，Pt 沿相反的方向捕获了光生电子，从而促进了光生载流子的分离和传输。

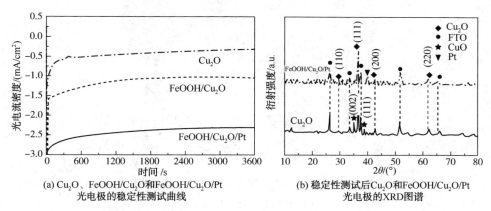

(a) Cu$_2$O、FeOOH/Cu$_2$O 和 FeOOH/Cu$_2$O/Pt
光电极的稳定性测试曲线

(b) 稳定性测试后 Cu$_2$O 和 FeOOH/Cu$_2$O
光电极的 XRD 图谱

图 7-29 光照条件下 Pt 和 FeOOH 协同改性的 Cu$_2$O 薄膜的光电催化稳定性

图 7-30 所示为样品的电化学阻抗谱（EIS），表征了制备的光电极在电极/电解质界面处光生电荷的迁移过程。其中，圆弧半径越小，表明样品的电荷传输效率越高。显然，圆弧半径的大小为 Cu$_2$O>FeOOH/Cu$_2$O>FeOOH/Cu$_2$O/Pt，这表明界面电荷迁移是借助空间分离的 FeOOH 和 Pt 层实现的。因此，FeOOH 和 Pt 层的引入能减少电极界面的电荷转移势垒，并促进电子和空穴的快速转移，从而

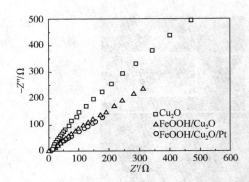

图 7-30 　Cu_2O、$FeOOH/Cu_2O$ 和 $FeOOH/$
Cu_2O/Pt 光电极的电化学阻抗谱

抑制了 Cu_2O 电极的光腐蚀并提高了光电催化的整体性能。

　　基于以上实验结果和分析，$FeOOH/Cu_2O/Pt$ 光电阴极通过光生电荷的快速分离和传输有效抑制了 Cu_2O 的自氧化行为，如图 7-31 所示。在光照条件下，Cu_2O 光电极受激发分别在价带（VB）和导带（CB）上形成光生空穴和电子。在 FTO 基板表面引入 FeOOH 层后，光生空穴倾向于从 Cu_2O 的价带转移到 FeOOH 层，然后通过外部电路转移到 Pt 电极，这有利于抑制 Cu_2O 电极的自氧化。同时，光生电子从 Cu_2O 的导带转移到 Pt 层参与水解制氢。Pt 层与 FeOOH 的协同作用促进了光生电子和空穴的分离和传输，这不仅抑制了 Cu_2O 电极的自氧化行为，而且提升了 Cu_2O 光电极的光电催化活性。

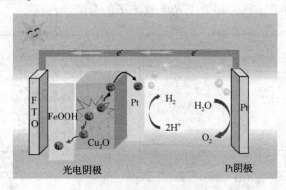

图 7-31 　$FeOOH/Cu_2O/Pt$ 电极在光电催化水解
过程中电荷分离与传输机制

参 考 文 献

[1] Mao Y, He J, Sun X, et al. Electrochemical synthesis of hierarchical Cu_2O stars with enhanced photoelectrochemical properties[J]. Electrochimica Acta, 2012, 62: 1-7.

[2] 魏一佳. 氧化亚铜光电阴极用于光电催化分解水的研究[D]. 天津：天津大学, 2017.

[3] Xiong L, Xiao H, Chen S, et al. Fast and simplified synthesis of cuprous oxide nanoparticles: an-

nealing studies and photocatalytic activity[J]. RSC Advances, 2014, 4: 62115-62122.

[4] Toe C Y, Zheng Z, Wu H, et al. Photocorrosion of cuprous oxide in hydrogen production: rationalising self - oxidation or self-reduction[J]. Angewandte Chemie International Edition, 2018, 57: 13613-13617.

[5] Xia Y, He Z, Hu K, et al. Fabrication of n-SrTiO$_3$/p-Cu$_2$O heterojunction composites with enhanced photocatalytic performance[J]. Journal of Alloys and Compounds, 2018, 753: 356-363.

[6] Wei Y, Chang X, Wang T, et al. Alow-cost NiO hole transfer layer for ohmic back contact to Cu$_2$O for photoelectrochemical water splitting[J]. Small, 2017, 13: 1702007.

[7] 陈东. α-Fe$_2$O$_3$基光电极光生载流子分离调控及光电性能研究[D]. 天津：天津城建大学, 2019.

[8] 周苗. CuWO$_4$光电极的制备、改性及其光电催化活性的调控机制[D]. 天津：天津城建大学, 2019.

[9] Chen D, Liu Z, Guo Z, et al. Enhancing light harvesting and charge separation of Cu$_2$O photocathodes with spatially separated noble-metal cocatalysts towards highly efficient water splitting [J]. Journal of Materials Chemistry A, 2018, 6: 20393-20401.

[10] Chen D, Liu Z, Guo Z, et al. Decorating Cu$_2$O photocathode with noble-metal-free Al and NiS cocatalysts for efficient photoelectrochemical water splitting by light harvesting management and charge separation design[J]. Chemical Engineering Journal, 2020, 381: 122655.

[11] Zhou M, Guo Z, Liu Z. FeOOH as hole transfer layer to retard the photocorrosion of Cu$_2$O for enhanced photoelctrochemical performance [J]. Applied Catalysis B: Environmental, 2020, 260: 118213.

[12] Jiang T, Xie T, Yang W, et al. Photoelectrochemical and photovoltaic properties of p-n Cu$_2$O homojunction films and their photocatalytic performance[J]. The Journal of Physical Chemistry C, 2013, 117: 4619-4624.

[13] Kim H J, Lee S H, Upadhye A A, et al. Plasmon-enhanced photoelectrochemical water splitting with size-controllable gold nanodot arrays[J]. ACS Nano, 2014, 8: 10756-10765.

[14] Du X L, Wang X L, Li Y H, et al. Isolation of single Pt atoms in a silver cluster: forming highly efficient silver-based cocatalysts for photocatalytic hydrogen evolution[J]. Chemical Communications, 2017, 53: 9402-9405.

[15] Mohapatra S K, Misra M, Mahajan V K, et al. Design of a highly efficient photoelectrolytic cell for hydrogen generation by water splitting: Application of TiO$_{2-x}$ C$_x$ nanotubes as a photoanode and Pt/TiO$_2$ nanotubes as a cathode[J]. The Journal of Physical Chemistry C, 2007, 111: 8677-8685.

[16] Chen D, Liu Z, Zhou M, et al. Enhanced photoelectrochemical water splitting performance of α-

Fe_2O_3 nanostructures modified with Sb_2S_3 and cobalt phosphate[J]. Journal of Alloys and Compounds, 2018, 742: 918-927.

[17] Wang B, Li R, Zhang Z, et al. Novel Au/Cu_2O multi-shelled porous heterostructures for enhanced efficiency of photoelectrochemical water splitting[J]. Journal of Materials Chemistry A, 2017, 5: 14415-14421.

[18] Wang L, Yang Y, Zhang Y, et al. One-dimensional hematite photoanodes with spatially separated Pt and FeOOH nanolayers for efficient solar water splitting [J]. Journal of Materials Chemistry A, 2017, 5: 17056-17063.

[19] Xue C, Li H, An H, et al. NiSx quantum dots accelerate electron transfer in $Cd_{0.8}Zn_{0.2}S$ photocatalytic system via an rGO nanosheet "Bridge" toward visible-light-driven hydrogen evolution [J]. ACS Catalysis, 2018, 8: 1532-1545.

[20] Zhang G, Lan Z A, Lin L, et al. Overall water splitting by Pt/gC_3N_4 photocatalysts without using sacrificial agents[J]. Chemical Science, 2016, 7: 3062-3066.

[21] Ye M, Gong J, Lai Y, et al. High-efficiency photoelectrocatalytic hydrogen generation enabled by palladium quantum dots-sensitized TiO_2 nanotube arrays[J]. Journal of the American Chemical Society, 2012, 134: 15720-15723.

[22] Zhou Y, Shin D, Ngaboyamahina E, et al. Efficient and stable$Pt/TiO_2/CdS/Cu_2BaSn(S, Se)_4$ photocathode for water electrolysis applications[J]. ACS Energy Letters, 2017, 3: 177-183.

[23] Zheng N C, Ouyang T, Chen Y, et al. Ultrathin CdS shell-sensitized hollow S-doped CeO_2 spheres for efficient visible-light photocatalysis[J]. Catalysis Science & Technology, 2019, 9: 1357-1364.

[24] Ghodselahi T, Vesaghi M A, Shafiekhani A, et al. XPS study of the $Cu@Cu_2O$ core-shell nanoparticles[J]. Applied Surface Science, 2008, 255: 2730-2734.

[25] Lu X, Zhao C. Electrodeposition of hierarchically structured three-dimensional nickel-iron electrodes for efficient oxygen evolution at high current densities[J]. Nature Communications, 2015, 6: 1-7.

[26] Chemelewski W D, Lee H C, Lin J F, et al. Amorphous FeOOH oxygen evolution reaction catalyst for photoelectrochemical water splitting[J]. Journal of the American Chemical Society, 2014, 136: 2843-2850.